乌龟这样养殖

就赚钱

（第二版）

羊 茜 占家智 编著

科学技术文献出版社
SCIENTIFIC AND TECHNICAL DOCUMENTATION PRESS
·北京·

图书在版编目（CIP）数据

乌龟这样养殖就赚钱 / 羊茜，占家智编著. —2版. —北京：科学技术文献出版社，2015.5（2024.9重印）

ISBN 978-7-5023-9599-5

Ⅰ. ①乌… Ⅱ. ①羊… ②占… Ⅲ. ①龟科—淡水养殖 Ⅳ. ① S966.5

中国版本图书馆 CIP 数据核字（2014）第 271381 号

乌龟这样养殖就赚钱（第二版）

策划编辑：乔懿丹　责任编辑：白　明　责任校对：赵　瑷　责任出版：张志平

出　版　者	科学技术文献出版社
地　　　址	北京市复兴路15号　邮编 100038
编　务　部	（010）58882938，58882087（传真）
发　行　部	（010）58882868，58882870（传真）
邮　购　部	（010）58882873
官 方 网 址	www.stdp.com.cn
发　行　者	科学技术文献出版社发行　全国各地新华书店经销
印　刷　者	北京虎彩文化传播有限公司
版　　　次	2015 年 5 月第 2 版　2024 年 9 月第 3 次印刷
开　　　本	850×1168　1/32
字　　　数	160千
印　　　张	8.75
书　　　号	ISBN 978-7-5023-9599-5
定　　　价	19.00元

　　龟是我国及世界的重要水产资源,它品种多、分布广,具有独特的营养、药用、观赏和科研价值,日益受到人们的青睐。近年来,我国对龟的研究、开发和引进都取得了较大的进展,龟品种的利用和养殖规模在不断扩大,养殖技术也逐步完善,已成为特种水产养殖的热点和新的经济增长点。

　　由于龟的栖息地环境受到人们的大力破坏,加上人为过度的捕捉、农药污染水域等原因,导致龟的天然产量已经十分稀少,远远不能满足人们生活、药用、观赏和出口创汇的需要。有需求就有发展,为了满足人们对龟的需求,人工养龟已经在全国各地如火如荼地开展了,可以这样说,龟的养殖有着十分广阔的发展前景。

　　龟类养殖已经有多年的历史,那么怎么养才能赚钱?为了帮助广大农民朋友掌握最新的龟类养殖技术,通过养殖来赚钱,我们组织编写了《乌龟这样养殖就赚钱》第二版这本书,本书的内容丰富新颖,技术比较全面,系统地介绍了龟的发展历史、种类分布、形态特征、生活习性、养殖技巧、不同条件下的养殖方法、不同龟的养殖技巧、饲养管理、病害防治、饲料投喂等内容，基本上反映了当前国内外龟类养殖技术的新进展与新成果。

　　本书从实际应用出发，方法具体，内容丰富翔实，语言简洁，通俗易懂，科学性、实用性和可操作性都很强，无论是对养龟专业户，还是对有关科研部门来说，都是一本极好的参考读物和辅助资料。

目录
CONTENTS

第一章　综　述

乌龟既是一个特有的专有名称,是龟类的一种,称为狭义上的乌龟;同时它也是一种通称,我们习惯将一些常见的龟都叫为乌龟,这是广义上的乌龟,所以本书讲述的是广义上的乌龟。

第一节　龟的分类与种类

一、龟的起源

我们的地球约有 46 亿年的历史,大约在 35 亿年前产生了生命,在这漫长的进化过程中,地球上出现了各种各样的生物,现今生存的物种有 200 万余种,它们都是过去灭绝种类的后代,都起源于共同的祖先。

龟是古老的、特化的一支爬行动物,早在两亿年前的晚三叠纪,它们就在地球上生息繁衍,且家族兴旺,种群多样。目前所知最早的龟化石是距今两亿年前晚三叠纪的原颚鳄龟,也就是说,原颚鳄龟是龟类动物的祖先。原颚鳄龟原产德国,1980—1981 年间在泰国北部也有发现,中国尚未确切发现原颚鳄龟类。原颚鳄龟类的牙齿已消失,躯体已有甲壳保护，但它们的头部还不能缩入甲壳内。

海龟类最早出现于距今 1 亿年前的白垩纪，一直延续至今，陆龟类最早记录是距今 4000 万年前的始新世，一直很繁盛。可是到距今 100 万年前，不知是何原因导致龟类动物骤然减少，仅有少数种类延续至今，成为现在我们食用和观赏的龟类。

到中生代晚期，从原颚龟类发展了两个类群——侧颈龟类和曲颈龟类，并延续到现代，与现在的种类无多大差别。

二、龟的分类

龟是一种半水栖性的爬行动物，多分布在热带和温带，我国几乎所有的省市均有分布，以华南地区最多。在动物界中，龟隶属于脊索动物门、脊椎动物亚门、爬行纲、龟鳖亚纲、龟鳖目。龟鳖目又分为 2 个亚目：曲颈龟亚目和侧颈龟亚目。

1. 曲颈龟亚目

曲颈龟亚目现存 10 科 72 属 192 种，其中龟类有 9 科 58 属 169 余种。本类的主要特点是龟收缩颈部时，颈部可呈"S"形缩入甲壳内，少数龟种例外，如平胸龟、海产龟类等。它们分布广泛，除南极外，世界各地都有分布。我国的龟类均属于此亚目。

2. 侧颈龟亚目

侧颈龟亚目是属于比较古老的、原始的龟类群。目前仅存 2 科 15 属 65 种。本类的主要特点是龟类收缩颈部时，由于颈部较长（甚至超过自身背甲长度），头颈部不能缩入壳内，颈部只能侧向体侧的腋窝中，它的代表是长颈龟类，如西氏长颈龟、澳洲长颈龟等。

三、龟的种类

1. 按栖息环境分类

龟是一种爬行动物，与恐龙是同时代的动物。龟在漫长的世纪更迭中，由于地壳运动以及生活环境和气候变化，分布在不同地区的龟为了生存的需要，有的迁入大海，有的深居内陆，有的栖居江湖中，经过漫长的自然筛选，不断繁衍成陆栖龟、水栖龟、半水栖龟、海栖龟、底栖龟 5 种类型。不同种类的龟外部形态构造分别与其生活环境相应，如水栖龟类四肢的趾和指间均具丰富的蹼（似鸭掌），以适应深水中的游泳生活；而陆栖龟类的四肢却粗壮呈圆柱形，以适应于在沼泽地和陆地上爬行；生活在大海中的海龟类，均具有桨状的四肢，在行动时就像划船一样推动身躯前进或后退，且都具有一对盐腺，以利于将体内多余的盐分泌出来。

2. 按龟的食性分类

按龟的食性可将龟分为动物性龟、植物性龟、杂食性龟三种。水栖龟类的食性一般为杂食性，如乌龟、黄喉拟水龟等；半水栖龟类多数为动物食性，如平胸龟、三线闭壳龟、金头闭壳龟，而黄缘盒龟、黄额盒龟却是杂食性；陆栖龟类大多为植物食性，如缅甸陆龟、四爪陆龟等，当然各种具体龟的食性在自然进化中可能会有一定的改变。

除雌龟于繁殖季节上岸产卵外，海产龟类均不上岸。陆栖的龟类生活于陆地，不能长时间生活于深水（水位不能超过自身背甲的高度）。淡水栖的龟类生活于江、河、湖等深水区域，当阳光充裕时，时常上岸"晒壳"，卵产于岸上。它们既能长期生活于深水区域，又可上岸爬行，并长时间生活于陆地，但生活环境必须有一定湿度。半淡水栖的龟类仅能生活于浅水区域（水位不能超过自身背甲的高度），否则龟将溺水而亡。底栖的龟类能长期生活于江、河、湖等深水区域的底部，很少上岸活动。

第二节　龟的形态与器官

一、龟的外部形态特征

龟是爬行动物的一种特化，它的外部形态与其他的爬行动物有着显著的区别，就是它们具有坚硬的外壳，俗称"龟壳"，龟的头、颈、四肢均可缩入甲壳内（平胸龟和海龟类等少数各类除外）。龟的躯体扁平,背部略高。外部形态分头、颈、躯干、四肢、尾 5 个部分。

龟的头都很小,呈三角形,头顶部都很光滑,后部都有细鳞覆盖(陆龟类都是覆盖大块大块的鳞片,而平胸龟和海龟则覆盖着角质状的硬壳)。龟的一个主要特征就是它的喙,因各类不同而呈现出不同的形状,这是鉴别各类特征之一,通常有钩形、流线形、锯齿形、A 形、W 形等。

龟的头后部就是颈部,颈部一般都是很长的,而且能伸缩,大家可能都会在动物园里或放生池里或水族馆里看到许多龟伸着长长脖子,这就是龟的颈,它可以作"S"形的扭动弯曲并能自由缩入甲壳内,只有平胸龟和海龟类等少数各类除外,它们的脖子不能伸进甲壳内。

龟的躯干就是它的壳和少数的皮肤,它的壳是不断长大的。龟皮肤(除头部前端外)最大的特点是粗糙,表皮均有细粒状或小块状鳞片,有保护真皮、减少与外界的摩擦和减少体内水分蒸发的作用,如陆生龟类的皮肤上的鳞片就很粗大而且很厚,另外这些鳞片也可以不断地蜕换,去旧换新,以达到不断生长的目的。龟壳比较厚,上面记载着年轮,因此可以通过这种年轮来鉴定龟的年龄,早期的文字就是记载在龟壳上的,称为甲骨文。另外不同龟类的背甲、腹甲的形状、大小和排列方式,都是鉴定龟类的依据。

龟的四肢可分为前肢两只和后肢两只,由于在不同的生活环境中,它们的四肢在结构上都有了适应性的特征,如海龟类的四肢演化成桨状,主要起游泳功能,陆生龟类的四肢则进化为坚硬、结实、粗状的四肢,相当于人的腿,在行走时支撑着龟的体重。

大多数龟的尾部细而短,呈圆锥形,只有少数龟的尾部特别,例如鳄龟的尾部粗状,上面覆盖角质鳞片,好像鳄鱼的尾巴一样,平胸龟的尾部则覆盖着环状的短鳞片。

二、龟内部主要器官系统

龟经过若干世纪的演化,为了适应周围的生存环境,它也形成一套比较完善的特有的内部系统,这套系统包括骨骼系统、肌肉系统、消化系统、循环系统、呼吸系统、神经系统、生殖系统、排泄系统和感觉器官等。

1. 骨骼系统

骨骼系统是构成龟身体的基本轮廓,同时也支持它们的体重,它分为中轴骨骼和附肢骨骼,中轴骨骼包括脊柱、胸骨、肋骨和头骨,附肢骨骼包括肩带和腰带。

2. 肌肉系统

肌肉系统是龟实现运动功能的动力部分,与背甲和腹甲连接,能够自由伸缩。

3. 消化系统

消化系统是龟摄取食物、吞咽食物、消化食物的部位,包括消化管和消化腺两部分。

4. 呼吸系统

龟的呼吸系统比较发达,包括呼吸道和肺两部分,由于它们是爬行动物,主要是以肺呼吸,有些水龟类还有泄殖腔、咽或皮肤的辅助呼吸器官。

龟以颈和四肢的伸缩运动来直接影响其腹腔的大小,从而影响肺的扩大与缩小。龟呼吸时,先呼出气,后吸入气,这种特殊的呼吸方式称为"咽气式"呼吸,又称为"龟吸"。龟的呼吸运动过程,可从龟后肢窝皮肤膜的收缩变化观察到。

5. 循环系统

龟的循环系统都是属于不完全的双循环,包括心脏供血、动脉系统(保持血液的输送)、静脉系统(保证血液的回流),还有淋巴管腔也起着很重要的作用。

6. 神经系统

龟的神经系统在它们的生命活动中起着协调的作用,可以分为中枢神经系统和外周神经系统。

7. 排泄系统

龟的排泄系统包括肾脏、输尿管和膀胱等器官。

8. 感觉器官

龟的感觉器官包括发达的嗅觉、灵敏的触觉、迟钝的听觉和视野很广的视觉。

龟的嗅觉：龟的嗅觉是非常重要的，龟基本是靠嗅觉来发现食物的。龟头上有两个鼻孔，但只有一个鼻腔，鼻孔内骨块上均覆有上皮黏膜，有嗅觉功能。其中梨鼻器是它们主要的嗅觉器官。因此龟在寻找食物或爬行时，总是将头颈伸得很长，以探索气味，再决定前进的方向。

龟的视觉：龟的视觉就是眼睛，龟眼的构造很典型，由于龟的视野很广，但清晰度差，所以它的角膜凸圆，晶状体更圆，且睫状肌发达，可以调节晶状体的弧度来调整视距。另一方面龟对运动的物体较灵敏，而对静物却反应迟钝，因此我们在投喂饵料时尽可能地投喂活饵料给龟吃。据英国动物学家试验，大多数龟能够像人类一样分辨颜色，尤其对红色和白色的反应较为灵敏，所以红色的蚯蚓是龟类非常喜欢的活饵料之一。

龟的听觉：龟也有耳朵，那么龟的耳朵长在什么地方呢？如果你只是瞄一眼是找不到的，要等它把脖子伸出来，仔细观察脖子的左右两侧，你才会发现，在它的眼睛后面有两个看起来像贴着的薄膜一样的东西，这就是龟的耳朵，但是有些龟，如沼泽龟和陆龟这两种龟的耳鼓膜在脖子表面，因而人们也能看见，而海龟的耳鼓膜被鳞甲覆盖着，则难以发现。

龟的听觉是不发达的，听觉器官只有耳和中耳，没有外耳，一般说来，龟几乎被认为是既哑又聋的动物。龟虽然对空气传播的声音迟钝，但是对地面传导的振动较敏感。

9. 生殖系统

龟的生殖系统可分为雌性生殖系统和雄性生殖系统，通过生殖系统完成龟的正常生殖功能和种族繁衍的功能。

第三节 龟的生活习性

要想人工养殖龟取得很好的经济效益，必须对它们的生活习性、生殖习性和食性进行全面的了解，并掌握影响龟生长发育的关键因素。

一、水陆两栖性

龟是爬行动物，它用肺呼吸，平时生活在水中（陆龟除外），栖息于江河、湖泊、水库、池塘及其他水域。夏日炎热时，便成群地寻找阴凉处，夜晚又喜欢到陆地上寻找食物。另外它的体表有发达的龟甲，能减少水分蒸发，而且性成熟的乌龟又将卵产在陆上，不需要经过完全水生的阶段，因此它是水陆两栖的。

在大面积人工养殖龟时，最适宜的环境就是营造半水半岸的地带，因而大量养殖时最好选择水塘周围或旁边有部分沙滩或低岸的地方，让其有舒适的栖息环境，有利于其健壮的成长。家庭饲养虽可用缸、盆等器皿，但如有条件在庭院内挖筑成半水半岸的水池，则更为适合其生长的要求。

二、食物广泛性

大多数龟属杂食性动物,动物性饲料主要是昆虫、蠕虫、小鱼、虾、螺、蛳、蚌、蚬蛤、蚯蚓、动物内脏、瘦肉等;植物性饲料主要为植物茎叶、浮萍、瓜果类、蔬菜、杂草种子、谷物类等。龟的耐饥饿能力强,数月不食也不致饿死。

三、群居性

许多龟是喜欢集群穴居的,有时因群居过多,背甲磨光滑、四肢磨破皮了仍不分散,因此我们在养龟时,最好不要仅养殖一只龟。

四、适宜的用水量和湿度

水是养龟时必不可少的。对于水栖龟而言,水量多一点少一点影响不大。对于水陆两栖龟来说,只要在满足龟的日常用水的基础上,水要能够将龟全身淹没就足够了。而对于陆生龟来说,只要保证足够的饮用水就可以了,在为龟洗澡时,速度要快,不可将陆龟长期泡在水里。

饲养中应根据水质的洁净程度决定是否换水,一般发现水质受到污染或浑浊时即应换水。夏季时候,水应换勤些,冬天可少换,其冬眠时更不宜多换,而且换进的新水,应比平时的水温略高 1~2℃。

龟舍的湿度应与其自然环境相近,湿度过低(<35%)可导致龟皮肤异常干燥和蜕皮障碍,特别是那些不适应干燥品种的龟。湿度过高(>70%)会导致细菌或真菌大量增生,容易发生皮肤下感染。

五、光照适宜性

根据龟的自然生理规律,在进行龟的家养时需要定期光照的,尤其是要模拟自然环境下的光照条件,因此光照也要与此相适应,处于温带区光照周期的日照变化范围为冬季 8 小时,夏季 16 小时;而处于热带区,冬季光照周期的日照波动大约 10 小时,夏季达约 14 小时。

除了满足一定的光照条件外,还需要有一定的光变化,尤其是在龟的繁殖期间更显得重要。科研结论已经证明,季节性光强度的变化有利于人工饲养下龟的繁殖,可以促进龟的性腺的发育和生殖细胞的生长。因此使用适当的人工光源是必需的,这种光源最好是采用全谱光,可使用与天然光相似的荧光灯管。如果仅仅是为了提供热源,防止温度过低的话,可以用白炽灯,但要注意挂的高度,通常高于龟活动的地面 35 厘米以上,不能灼伤龟。

六、龟的变温习性

龟是一种变温动物,它的新陈代谢所产的热量有限,而且又缺乏保留住体内产生热的控制机制,因此对环境温度的变化反应灵敏。为了克服这一缺陷,在自然状态下龟靠的是找凉或热的地方来控制每天体温的波动,在人工饲养时,应避免龟的环境温度过高、过低或大幅度波动,所以环境温度的变化直接决定了龟的摄食、活动、产卵等行为。

当温度在 13℃ 左右时,龟便开始进入冬眠状态,此时常常静卧水底淤泥或有覆盖物的松土中冬眠。在自然界中,龟的冬眠期可达半年左右,一般从11月到次年4月初。在人工冬眠时,不要让其全部浸在水中,应使它处在潮湿的沙土中,并给予13℃左右的环境。对体弱有病的龟,寒冷时应将水加温至20℃左右,给予保养。加温的方法,可用100～150瓦的白炽灯进行照射增温。当温度上升到15℃左右时,龟便开始出穴活动,水温18～20℃开始摄食。一般热带龟适宜温度是27～38℃,温带龟在20～35℃时,龟的摄食、活动情况定为正常值,而温度30℃左右则是龟最佳的进食、活动、生长的温度。所以,在国内长江中下游地区,每年的4～10月是龟的摄食、活动时期;11月到第二年3月则是龟冬眠期。

在饲养龟的人工小环境温度与自然栖息地相一致时,才能保证龟生理和心理健康。

七、龟的休眠

休眠通常是与暂时的或季节性的环境条件的恶化相联系的。根据休眠的特点可分为冬眠、夏眠和日眠。低温是冬眠的主要因素,干旱及高温是夏眠的主要诱因,食物短缺是日眠的主要原因。

龟是变温动物,其体温不像鸟类能维持自身体温的恒定,它们的体温完全受外界环境的影响,因此,龟的活动能力、进食也完全受温度的影响。每年的4～9月份,当温度达16℃以上,龟开始进食、爬动;25℃以上尤其活跃。10月到次年3月份,温度低于15℃时,或7～9月份温度高于

32～36℃时,龟眼紧闭、不动、全身无力,龟进入冬眠或夏眠状态。

八、龟的繁殖习性

龟是卵生性的,所有龟的卵都产生在潮湿温暖的陆地卵穴里,卵穴呈锅状,上大下小。不同种类龟的卵形状也大小各异,长椭圆形比较多,海龟类卵为圆球形。绝大多数的龟产卵时间在每年 5～10 月,龟产卵时,若受惊动也不爬动,直到产完卵为止。不同种类的龟,产卵量不同。每次产卵少则 1 枚,最多达 200 余枚(海产龟类)。产卵的数量随着雌龟年龄的增加而增加。龟没有护卵的习性,产完卵后,用沙土覆盖就走了,不再关心它们所产的卵。在自然界中,龟卵的孵化完全依赖自然界的光、热、雨水及沙土的温暖。因此在自然界中,龟卵的孵化率及幼龟的成活率是比较低的,这也是为什么龟越来越少的一个重要原因。龟卵的孵化期与气温有着密切的关系,一般孵化期需 55～100 天。若天气暖热,孵化期短;若天气凉爽,则孵化期相对长一些,最长达 114 天,甚至成了过冬卵。

九、龟的年龄与生长

人们常说"千年王八万年龟",说明龟是长寿的,但龟真正的年龄是多少? 生长特性又如何,还是有一定科学知识的。

龟寿命究竟有多长,目前尚无定论,一般讲能活 100 年,据有关考证也有 300 年以上的,有的甚至过千年,龟的年龄可以通过龟壳中心部位的同心圆的年轮来计算，每一圈代表一个生长周期，即一年。在自然界中，龟有明显的生长期和冬眠期，生长期背甲盾片和身体一样生长，形成疏松较宽的环纹圈；冬眠期龟进入蛰伏状态，停止生长，背甲盾片也几乎停止生长，形成的环纹圈狭窄紧密。如此疏密相间的环纹圈，如同树木的年轮，依此可以判断龟的年龄，即盾片上的密环纹圈数代表龟的年龄。但要注意龟在第一个冬天不形成密环纹圈，要到第二年冬天才能形成第一个环纹圈，以后每年一圈，所以龟的实足年龄应该是盾片上的密环纹圈数加一。这种鉴别年龄法，对于20年以内的龟是比较准确的，因为只有龟背甲同心环纹清楚时，方能计算比较准确，而对于几十年以后的龟则因环纹不清晰而难以准确鉴定，只能估计推算出它的大概年龄了。

龟的生长速度较为缓慢，在常规条件下，雌龟生长速度为：一龄龟体重多在15克左右，二龄龟50克，三龄龟100克，四龄龟200克，五龄龟250～250克，六龄龟400克左右。雄龟生长慢，性成熟最大个体一般为250克以下。

另一方面，龟的生长具有明显的阶段性，在自然界中，每年的4月下旬到10月是龟的生长期，其余时间是冬眠，龟会潜入池底淤泥中或静卧于覆盖有稻草的松土中冬眠，有的在七月、八月高温期间会进入夏眠，无论是冬眠还是夏眠，这时龟都不吃不喝，也不生长。

在生长阶段，每年4月下旬龟开始摄食，占其乌龟体重的2％～3％；6～8月摄食量旺盛，占5％～6％；10月摄食量下降，占1％～2％。

第四节 龟的价值

龟是一种珍贵的动物资源,可以说它们浑身都是宝,在各个方面、各个行业都被广泛应用。

一、龟的食用价值

人类食用龟肉已有悠久的历史,自古以来就将龟作为高级滋补品和防止疾病的食疗佳品,我国战国时代的《山海经》中已有吃龟的记载。据报道,除了玳瑁外,几乎所有的龟类都可以食用,其中以乌龟、三线闭壳龟、黄喉拟水龟等龟居多,现在许多大都市流行吃鳄龟肉。

龟肉、龟卵营养丰富,味道鲜美,所谓"龟身五花肉",即是指龟肉含有牛、羊、猪、鸡、鱼5种动物肉的营养和味道。现代研究表明,每100克龟肉含蛋白质16.5克、脂肪1.0克、糖类1.6克,并富含维生素 A、维生素 B_1、维生素 B_2、脂肪酸、肌醇、钾、钠等人体所需的各种营养成分。

二、药用价值

龟体中含有较多的特殊长寿因子和免疫活动物质,常食可增强人体免疫力,使人长寿。我国古代就知道龟有较好的药用效果,在《神农本草经》中就对龟的药用做了详细的记载,明代的李时珍所著的《本草纲目》中写道"介虫三百六十,而龟为之长","龟,介虫之灵长者也","龟能通任脉,故取其甲以补心、补肾、补血,皆以养阴也"。

1. 龟肉

味甘,咸平,性温,有强肾、补心、壮阳之功,主治久咳咯血、血痢、筋骨疼痛、病后阴虚血弱,尤其对小儿虚弱和产后体虚、脱肛、子宫下垂及性功能低下等有较好的疗效。

2. 龟甲

气腥、味咸、性寒,具滋阴降火、潜阳退蒸、补肾健骨、养血补心等多种功效。据研究,龟甲对肿瘤也有一定的作用。

3. 龟血

可用于治疗脱肛、跌打损伤,与白糖冲酒服能治气管炎、干咳和哮喘。科学研究表明,龟血还有抑制肿瘤细胞的功能。

4. 龟胆汁

味苦、性寒,主治痘后目肿、月经不开等。现代医学研究还表明,其对肉瘤有抑制作用。

5. 龟骨

主治久咳。

6. 龟头

可以医治脑震荡后遗症、头昏、头痛等症。

7. 龟尿

滴耳治聋,治成人中风、舌暗、小儿惊风不语,用龟尿少许点于舌下,神妙。

三、药膳介绍

这里撷取几例常见的龟肉名菜和药膳做法,以飨读者。

1. 红烧龟肉

原料:龟1只(250～500克),菜油60克,黄酒20克,生姜、葱、花椒、冰糖、酱油各适量。

制作:

第一步,将龟放入盆中,加热水(约40℃),使其排尽尿,然后剁去其头、足,剖开,去龟壳、内脏,洗净,将龟肉切块。

第二步,锅中加菜油,烧热后,放入龟肉块,反复翻炒,再加生姜、葱、花椒、冰糖等调料,烹以酱油、黄酒,加适量清水,用文火煨炖,至龟肉炖烂为止。

用法:佐餐食。

功效:滋阴补血。适用于阴虚或血虚患者所出现的低热、咯血、便血等症。

2. 锁阳龟肉汤

原料:龟(龟肉、龟甲并用)1只,锁阳10克,熟地黄30

克,陈皮少许。

制作:

第一步,将龟杀死或煮死,去肠杂,洗净,斩块;锁阳、熟地黄、陈皮洗净;

第二步,把全部用料洗净,放入瓦锅内,加清水适量,文火煮 2~3 小时,至龟肉酥烂为止,调味即可,随量饮用。

功效:补养肝肾,强壮腰膝。

适应证:结核性关节炎、类风湿性关节炎和属于肝肾不足者。症见腰膝酸软、肌肉消瘦、步履无力、舌淡白、苔白滑、脉细弱。

3. 红焖寿龟

原料:龟 2 只,带皮五花肉(肋条肉)500 克,色拉油 100克,白糖 50 克,酱油 75 克,蒜瓣 50 克,绍酒、精盐、葱、姜、味精各少许。

制作:

第一步,将宰杀后的龟放入沸水锅中,余至能取出龟肉为宜。

第二步,将带皮五花肉切成方块,放入沸水锅中焯水。

第三步,锅上大火烧热,倒入色拉油,放入蒜头、葱姜,煸香后倒入龟肉和肋条肉煸至有香味,烹入绍酒和酱油,烧至入味后加入汤汁焖至酥烂,加入白糖、味精少许,稠浓卤汁,出锅装盘即成。

特点:色红亮,味咸鲜,肥而不腻,营养丰富。

4. 龟肉汤

原料:龟 500 克,猪油、香油各 100 克,味精 5 克,精盐、葱段、姜块各 10 克。

制法:

第一步,将活龟头剁掉放血,剥开壳,去掉苦胆,取龟肉及内脏洗净,切约 3 厘米长、2 厘米宽的肉块。

第二步,炒锅置旺火上,放猪油烧热,先下葱段、姜块略爆香,再放龟肉、内脏、精盐、香油一起爆炒,起锅盛入砂锅,一次放足清水,置旺火上煨 2 小时,如有龟蛋则加入,继续煨至汤汁浓稠,发出香气时,加入味精,起锅装碗即成。

功能:龟可养血滋阴、补益肝肾,龟汤有良好的滋阴养血作用,如产妇无病,食之可大补阴血,如产后伤阴失血、贫血体瘦、阴虚动风、手足搐搦、午后低烧等产妇食之则有很好的治疗作用,故鳄龟汤既是良好的食膳,又是有效的药物。

5. 玉须金龟汤

原料:龟 1 只(约 2000 克),玉米须 200 克,盐适量。

制法:

第一步,将龟杀死,掀开甲,取出内脏,洗净。将龟蛋放入龟腹内,盖好龟甲。

第二步,放入砂锅煮沸,小火炖半小时,加入玉米须和盐,再炖至龟肉熟烂。捞出玉米须弃之。

特点:滋阴补肾,解毒消肿。适宜于糖尿病、肾炎水肿者食用。

四、保健价值

龟肉具有很强的保健功能,历来为人们所推崇。经过研究,中医界普遍认为龟类动物具有提高人体免疫力和抗癌的作用。中大生命科学学院经过动物实验,发现对金钱龟进行酶解脱腥后,提纯出来的液体对肿瘤有显著的抑制和改善作用,从而可以证明金钱龟精对肿瘤患者与免疫力低下者有一定的辅助康复作用。这里也撷取几例龟的保健配方。

1. 龟鹿胶

配方:党参 25 克,龟板胶 300 克,鹿角胶 200 克,枸杞子 25 克。

功效:滋阴强壮,益气补血。

主治:用于肾阴亏损,遗精眩晕,腰腿酸软。

用法:口服,1 次 3～9 克,1 日 1～2 次,用水或黄酒再加糖炖服。

2. 添精嗣续丸

配方:人参、龟板、鹿角胶、枸杞子各 180 克,山茱萸、麦冬、菟丝子、肉苁蓉各 150 克,熟地黄、鱼鳔、炒巴戟天各 240 克,北五味 30 克,柏子仁 90 克,肉桂 30 克。

功效:温阳填精。

主治:用于精液量少,精子畸形,精子活动力低所致男性不育及阳痿、早泄等症。

用法:每日服 24 克,连服 2 个月。

3. 壮阳起痿丸

配方:党参、炒白术、枸杞子、冬虫夏草、熟地、阳起石、韭菜子各 12 克,生龟板、炙鳖甲各 30 克,杜仲、锁阳、淫阳藿、当归、续断、肉苁蓉、补骨脂、紫河车、炙甘草各 9 克,菟丝子 15 克。

功效:150 例中无效者有 18 例,有效率 88%。

主治:阳痿。

用法:每日 3 次,每次 3～6 克,1 个月为 1 个疗程,服药第一个疗程期间,严禁房事,心情开朗。

五、观赏价值

龟长寿,有灵性,品种繁多,颜色多变,形态各异,因而深受人们的喜爱。日本人常将一对小金龟放在精致的盒子里作为祝寿礼物,我国民间有"千年王八万年龟"和"龟鹤延年"一说,因此,人们常把乌龟当作长寿的标志,在公园、寺庙及观光场所,乌龟成了供人们观赏的动物。欧美人也以龟作为吉祥物。

另外以四眼斑龟、黄喉拟水龟、鹰嘴龟等为基龟培育出的绿毛龟,更具观赏价值。古代作为贡品,只有皇帝才能拥有,是富贵长寿的象征。

六、科研价值

龟为变温动物,体温一般比气温低,天将下雨时其背甲会有凝结的水珠或显得很潮湿,可为气象预测提供一些物象。

另一方面,龟的寿命长达几百年,龟的长寿因子、活性物质的研究、抗癌保健药品的研制,是当前进一步研究和探索的内容。

海龟在繁殖季节,每年都能从栖息地游到特定的岛屿或海岸产卵,然后又准确无误地返回原栖息场所,而且孵化出来的幼龟也能准确无误地游向它们祖先的栖息场所,这种定位能力和马拉松式的洄游,对海洋航行研究有重要启示。

七、工艺价值

一是直接用各种龟的甲壳或背板作为工艺用品的原料,主要是玳瑁;二是做成龟状的各种工艺品,如木制龟形的桌椅等。

八、出口创汇价值

龟是我国传统的出口创汇产品,尤其是中华乌龟和草龟是主要的肉龟出口种类。培育的绿毛龟也深受国内外友人的喜爱,作为主要的观赏龟出口。

第五节 我国养龟业的发展与展望

一、我国龟养殖业的发展历史

我国对于龟类的利用已有几千年的历史,最初的利用是用龟壳来记事,从而形成了人类文化史上特有的甲骨文。

随着社会的进步,人们已不再使用甲骨文来记事了,于是龟的利用价值就渐渐地发生了变化,这时龟的用途主要是药用,主要是用龟的甲壳作中药。古代的龟来源主要依靠捕捉野生龟,种类以乌龟、黄喉拟水龟、黄缘盒龟、三线闭壳龟居多。

到了20世纪80年代中期,人们对龟的作用有了进一步的认识,主要是用于药用、食用、观赏、深加工、出口等,龟的价格不断上涨,野生资源已经大量下降,龟类的养殖与开发被渐渐提上日程,如1985年湖南省农林厅科教处正式下达"乌龟养殖技术的研究"项目、安徽师范大学生物系对黄缘盒龟的生态作了报道、1989年9月南京建成了亚洲首家龟鳖博物馆。

到了20世纪90年代,人们对龟的人工开发已经不再局限于科研项目了,不少地方看中了龟的经济效益,纷纷建起了规模不等的养龟场,先是在江苏省的宝应县、山东省诸城市等地,随即就在全国各地遍地开花了。养殖的种类也不断增加,除了食用和药用为主要目的外,观赏性龟类的人工养殖开始迅速发展，尤以江苏省太仓、无锡等地的绿毛龟养殖形成规模化经营。与之相适应的是各种养龟的技术和书籍也不断出版，主要有《中国龟鳖图集》、《淡水龟类的养殖》、《龟鳖养殖与疾病防治》、《龟趣》等。

二、我国龟养殖业的现状

1. 价格不断上扬

龟的价格年年上涨，参与者也年年上升，据相关资料统计，以乌龟而言，1990 年成龟价格为 90～100/公斤，1995 年已上涨到 160～180 元/公斤，1998 年已达 260～300 元/公斤，2006 年已经达到 500 元/公斤。

2. 养殖的品种发展不平衡

目前国内养殖的龟种类以乌龟、黄喉拟水龟、红耳彩龟为主，这与它们的种苗来源方便、养殖容易有极大的关系，据资料表明，这三种龟的繁殖率达 87％～95％、稚龟成活率 85％～92％、越冬成活率 93％～96％。

3. 外来龟不断充实我国的宠物市场

随着国际间各种龟的交流力度日益增加，尤其是东南亚龟类源源不断涌入，外来龟正不断充实我国的宠物市场，影响国产龟的发展，其中最有发展价值、市场占有率最高的是红耳彩龟和鳄龟两种。

4. 发展需要技术支持

虽然我国观赏龟的养殖需求量大,但繁殖技术不过关,苗种供应已经成为发展的瓶颈。

三、养殖龟获益的关键

要想养殖龟获得更好的经济效益,必须重点抓好以下几点。

1. 选择合适的苗种

选择好正确的品种,这是获利的前提。目前市场上的龟品种很多,尤其是观赏龟的种类多,如何选择合适的龟品种是需要很好地调查研究的,要选择适合本地养殖的龟种类,还要考虑自己养殖的是用于药用、食用还是观赏用,这样才能选择好合适的品种。根据龟类专家的建议,应以我国或亚洲特有种为首选对象,如周氏闭壳龟、潘氏闭壳龟、金头闭壳龟、大头乌龟等,同时龟的生长速度、抗病能力、繁殖难易程度、外观是否美丽也是观赏性龟类必须考虑的条件。

2. 优质的苗种供应

选择好优质的种苗是获益的条件。作为养殖用的龟,最好选择外形无伤痕、爪子齐全、反应灵敏的幼体,对于那些有伤的、钓捕的龟则不宜用作苗种养殖。

3. 因地制宜采取合适的养殖方式

我国各地在发展龟的养殖时，一定要因地制宜地选择合适的养殖方式，这是获益的基础。养殖户可根据不同的养殖目的而采取不同的养殖方式，通常养殖龟的方式有温棚养殖、季节性暂养、龟和鱼混养、立体养殖、龟和其他动植物综合养殖等。

4. 掌握科学的饲养技术

掌握科学的饲养技术是获益的关键，这些科学的养殖技术包括适宜的饲养密度、适口的饲料、营造适宜的生态环境、提高亲龟的产卵量、受精率、孵化率、稚龟培育的成活率、加温养殖、提供适宜的水温条件、加强对疾病的综合预防等。

5. 不断开发龟的赢利渠道

开发龟产品的产业链，不断开发龟的赢利渠道，是获益的延续。在开发龟的食用、药用、观赏等方面外，还要加大力度开发龟特有的营养保健品、药品、工艺品等产品。

第二章　养殖龟的基础

第一节　龟的选购

要养好龟，首先就要选好龟。从许多龟友和本人的实践经验来看，选购龟应考虑四点：一是从技术上来鉴别龟的好坏；二是从养殖难易度上来选择龟种；三是从养殖适应性上来选择合适养殖的龟种；四是从来源上寻找一个可靠的供种单位，从而选购到高产质优的龟种苗。当然，其他的一些因素也不能忽略。

一、选购前的准备工作

在决定龟类养殖前，就必须做好选购前的一些准备工作，这些工作包括以下几个方面：

一是衡量衡量自己的经济能力，做到量力而行，一般养殖龟还是需要一定的经济投入的，除了规模化养殖需要开挖养殖池外，家庭养殖也需要养龟箱或其他的养殖设备。另外，购买的龟种以及饲养龟的饵料，包括进行疾病预防治用的药品等都是一笔不小的开支，因此经济上的准备是必须充足的。

二是技术上的准备，要想养殖好龟类，就必须对所养的龟进行了解，包括龟的习性、生殖特点和饲养方法等，只有掌握了这些技术，才能做到养殖过程中的得心应手。

三是养殖场地的选购，包括养龟箱的准备，要考虑到龟所需要的空间够不够，这个主要是针对家庭室内养殖时的水族箱来说的。

四是一定要确定自己有没有衡心及耐心、细心地去养自己所喜爱的龟，如果自己做不到这几点，就有可能导致养殖的龟会快速死亡。

五是要寻找一位好的老师做技术顾问。

二、选购品种的确定

由于龟类品种繁多，全世界有 200 多种龟，我国有几十种龟，加上近年来不断引进的一些国外新龟种，在这些龟类中有许多品种体貌特征非常相似，而生活习性、生长速度、繁殖量、产肉率、品味质量及综合价值极不相同，饲养后经济效益相差悬殊。因此对同种异名、异种同名、体貌相近等龟类，要正确区分，防止假冒伪劣。另外，在挑选龟的种类时应由普通到复杂，因此许多养龟专家警告初养者宜选购食性杂、分布广、易饲养、中国产的常规品种，如乌龟、黄喉拟水龟、眼斑龟、平胸龟、黄缘盒龟、秀丽锦龟等，以取得经验。有了一定经验和经济实力的养龟朋友就可以选购观赏性强、分布窄、食性单一、经济效益高的珍贵品种了，如花龟类、闭壳龟类、地龟、鳄龟等。还有一点要注意的是一定要选择优质高产、生命力强、适合当地饲养的品种,千万不能因水土不服而造成损失。

三、选择可靠的供种单位

1. 选择合法证照齐全的单位

由于龟类属于野生动物,因此一个合法的供种单位应该具备 4 个证件,即工商营业执照、税务证、野生动物驯养繁殖许可证、野生动物经营利用核准证,有的还为龟品种注册商标,如"龙头阁"牌龟。在购种时一定要对这些证照进行验证,否则就不具备经营条件。

2. 选择有繁育场地的单位

选择能提供高产质优龟种和技术支持的单位,这些单位都有较好的固定生产实验繁殖基地,而且形成了一定的规模,都有较多的品种和较大的数量群体。引种时最好到供种场家池子中直接捞取选购,以避免购进不好的龟。

3. 选择技术有保证的单位

选择有完善的售后服务的供种单位,这些技术服务包括购种中的不正常死亡、放养后的伤害和死亡、繁殖时雌雄搭配不当,这些都要能及时调换,同时可以提供市场信息,进行相关的技术指导,这样的单位是可以信赖的。

4. 注意商品龟和走私龟不能用作种龟

一是由于走私进来的龟多数为热带龟,不适应我国气候环境,大多难以成活,即使少数成活亦不能繁殖产卵;二是走私的龟质量不能保证,也不能做种龟;三是经过长途运输的走私龟,在运输中,经颠簸、挤压、摩擦、干饿与闷气后,可能受到极大的伤害,体质严重下降,还可能带有各种病菌,对人畜造成危害,在两年内不能选做种龟;四是不适应我国养殖环境的境外走私龟也不能做种龟;五是有病伤、有缺点的商品龟是不能做种龟的。

四、选购龟的最佳时间

由于龟是变温动物,尽管在自然界中食性广,耐饥耐渴能力强,但在人工饲养条件下,由于环境温度、气候等因素的改变,龟也易患病而死亡。因此选购龟的时间是有讲究的,一般不宜在秋末初冬或初春,因为这个时候正是龟处于将要冬眠和冬眠的初醒状态,龟的体质较差,它的体质和进食情况不易掌握,成活率低。根据许多龟友的经验,挑选龟的时间宜在每年的5～9月,此时有部分稚龟刚出壳,冬眠的龟也已苏醒,正处于生长阶段,活动比较正常,而且活动量大,能主动进食,对温度、气候都非常适应,购买时可以很好地观察到龟的健康状况,便于挑选,容易区分病龟。如果这时能买到合适的龟,是非常容易饲养的,而且对温度、气候、环境的适应能力都很强。

五、龟的健康选择

我们在选择一只好的龟时,除了品种因素外,龟的身体健康是最重要的,可以从以下几点来鉴别龟的健康状况。

1. 应选择反应灵敏、两眼有神、眼球上无白点和分泌物的龟，四肢有劲，用手拉扯时不易拉出。

2. 把龟放在地上，龟在活动时头后部及四肢伸缩自如，颈部腹面无针状异物，当把它的腹甲翻过来朝上放置时，它会很快翻转过来。在它爬行时，四肢能将身体支撑起行走，而不是身体拖着地爬，凡身体拖着地爬行的不宜选购。

3. 能主动进食，会争食饵料，粪便呈长条圆柱形、团状、深绿色，若食动物性饵料，粪便呈白色，似牙膏状。在市场选购龟种时，将龟（陆栖龟、半水栖龟除外）放入水中，若长时间漂浮在水面或身体倾斜，龟不能沉入水底，这样的龟不宜选购；将龟放入浅水中，水位是龟的背甲高度一半，观察龟是否饮水，若大量、长时间饮水，则为不健康的龟。

4. 用手掂量龟的体重时，健康龟放在手中是沉甸甸的较重的感觉，若感觉龟体重较轻，则不宜选购。

5. 将龟竖立，用硬物如汤匙将龟的嘴扒开。健康的龟，舌表面为淡淡的粉红色（少数种类呈黑色），且湿润，舌苔的表面有薄薄的白苔或薄黄苔；不健康的龟，则舌表面为白色、赤红、青色，舌苔厚，呈深黄、乳白色或黑色。

6. 健康的龟，鼻部干燥，但鼻部无龟裂，口腔四周清洁，无黏液；而不健康的龟，则鼻部有鼻液流出，鼻部四周潮湿。患病严重的龟，鼻孔出血。

7. 看龟的外表、体表是否有破损，四肢的鳞片是否有掉落,四肢的爪是否缺少。四肢的腋、胯窝处是否有寄生虫,看龟的肌肉是否饱满,皮下是否有气肿、浮肿。

8. 健康的龟背甲硬且完整无缺,体厚、背甲明亮,龟的体表应没有伤痕和不正常的臃肿,龟壳不要有发脆的现象,纹路清晰,如有蜕皮现象表明此龟生长得很好。龟的肌肉应饱满富有弹性,皮肤有光泽,另外从臀盾往椎盾至颈盾都必须在一直线,如有歪斜就要淘汰,多甲或缺甲的情况也要淘汰,因为这将会直接影响龟的审美。

9. 抓住龟,然后用力向外拉它的四肢,健康的龟不易拉出,收缩有力。

10. 重点检查龟的趾甲,趾甲最好是完整无缺的,没有任何伤痕的,如果趾甲不慎折损了,这时要做出正确判断。如果从趾甲中段断裂,这种损伤无伤大雅,随着甲壳的增长,断趾亦会长齐,可以考虑以低价收购;如果趾甲从根部断裂,日后再长新趾的机会渺茫,建议直接淘汰。

11. 仔细观察甲壳的特征,各种龟的自身特征包括甲壳的特征要明显。

六、不宜购买的龟

1. 用针钩钓的龟和病龟不能购买

在广阔的农村,人们常用针、钩穿上肝脏、蚯蚓为饵,放入水中钓捕龟,由于这些针钩常伤及龟的咽喉、内脏甚至还会遗留在龟的体内,这些钩捕龟,过段时间会逐渐死亡。因此在选购时要加强鉴别,对龟体内存在的针、钩,可用金属探测器来检查；目检时如发现龟口鼻流血水、四肢无力、肛门有黏液、眼睛模糊及有明显外伤等情况时，均不可选购。

2. 注水龟不能购买

给龟注水，是不法商人唯利是图造成的，主要的诱因是龟价上升，为了追逐利润，这些商人用注射器向龟体内注水后销售，牟取暴利。据龟友撰文介绍，一只体重 500 克的龟注水最多可达 100 克，注水部位大多在颈部、四肢基部至肛门、背甲和腹部缝中。注水龟可以从以下几个特征上去分辨：一是四肢、头部伸出后缩不进壳内；二是四肢基部肌肉皮肤膨胀，呈水肿状；三是注入部位有不太明显的针眼。龟被注水后，由于受细菌感染或具备脏器，数十天内死亡。

七、选购龟的大小

选购龟种苗，一般在 15～50 克最佳，视龟的种类，也可适当放宽。科研表明，在自然状态下，50 克的龟对环境有较强的适应能力，10 克以下的龟，虽活泼而逗人喜爱，但它适应力弱，抗寒抗病能力也差，容易死亡，对初养龟的人来说不宜选购。

八、龟苗的选择

龟苗分为稚龟和幼龟两类，稚龟是指当年繁殖的小龟，幼龟是指生长 1 年以上，体重在 250 克以下的龟。

挑选龟苗时，首先是从龟的精神状态、外形体重方面观察。精神状态很好，对外界的刺激反应很灵敏，身体没有外伤，爪、尾都很齐全的就是健康龟。

其次是要询问了解龟的来源、饲养方法、投喂的饵料以及运输情况等。

最后是选种宜到信誉好、售后服务较佳的养殖场或专业单位，绝对不能贪图小便宜，而从市场上购买一些价格低廉的龟，因为这些廉价龟很有可能是从东南亚等地贩运而来，多次转手，有的龟已经患上不同的疾病；另一方面，这些外地来的龟也不一定能完全适应我们当地的环境。

九、种龟的选择

种龟选择的好坏是养龟成败的关键：一般选用100～200克的小龟作为种龟。要求种龟头部有金黄色彩、龟体扁平、四周对称、椭圆形、龟体健壮、无残缺、有光泽。种龟选好后先在水中洗净，然后放入高锰酸甲溶液中消毒1分钟再放入容器中即可。注意不能用年老的龟、带伤有病的龟和用激素养大的龟作为种龟，这些龟不但繁殖能力差，而且生命力也极弱，很容易发生死亡。

十、观赏龟的选择

1. 了解所养龟的基本常识，防止被奸商蒙骗

用作玩赏龟饲养的品种很多，买龟前建议养龟爱好者先在书上或网上了解一下龟的知识和网上价格，在掌握养

龟基本知识后来选择龟种。比如说想买大鳄龟,那就要先上网去查查大鳄龟的生活习性与网上价格,这样就能够做到心里有底,不说别的,最起码不会被一些奸商欺骗。现在有一些商人唯利是图,他们会察颜观色。当遇到一些菜鸟级的玩家时,就会拨动那三寸不烂之舌,把一些价值低的说成价值高的,有病的说成是健康的,最后造成养龟爱好者巨大的损失。最常见的例子,他们会把草龟说成金钱龟,买了就能发财,或者是把普通的小鳄龟说成是佛罗里达鳄龟,笔者个人认为一个虔心玩龟的人被一些无良奸商这样欺骗太窝囊了,还是希望大家能够抱着虚心学习的态度,不管您买龟到底出于什么目的,最起码买到称心如意的龟是您的目标吧! 在买龟之前做好准备工作是应付商家的一个必要的前提条件。

2. 选择适合自己的龟

在选择龟种时一般要掌握以下几个要点:

一是要选择"三高"的品种,三高就是成活率高、繁殖率高、市场占有率高。这些品种可以考虑乌龟、黄喉拟水龟、巴西龟等,这几种龟需求量较大。

二是要选择易饲养的龟,特别是刚从事观赏龟养殖的朋友,一定要先选择容易饲养的龟,在掌握一定的养殖方法和养殖技巧后,再养殖其他的高难度和观赏性更强的龟。这类龟可以考虑巴西龟和草龟。

三是选择娱乐性强的品种,如鹰嘴龟,可通过人工训养成打斗龟,同时也是培养高档绿毛龟的品种。黄缘盒龟,古色古香,有灵性,久养之后,能随人口令做动作。另外缅甸龟、凹甲陆龟、四爪陆龟、四眼斑龟、鳄龟等,都是理想的家庭饲养品种。

四是对于一些资深的观赏龟爱好者,可以考虑饲养一些珍稀品种,如三线闭壳金钱龟,15～20克的龟苗,每只2000元,成龟1.8万～2.2万元/公斤。金头闭壳龟稚龟每只5000元左右。这两种龟饲养技术要求高。

3. 选择合适的店家或摊位

我们有不少龟友肯定会遇到一种情况,就是在购买自己心仪的龟时,有时店主会很不耐烦,并不情愿或者是根本不让龟友亲自选龟,就叫龟友自己在缸里看,这样的店家我建议完全没必要去买他的龟。因为对于商家来说,咱们是市场,咱们是上帝,哪有上帝买东西自己都不能挑选的呢?无论是花多少钱买东西,总要是经过自己认真挑选的,这样才对得起自己的钱。

在选择龟种时,我们一定要了解不同品种对环境条件要求的情况,如生长在温带的龟,在亚热带、热带地区易饲养;生长在亚热带、热带的龟,在温带、亚寒带地区就难以自然过冬,需要保温在5～15℃范围内,才能安全过冬。

在选择合适的店家时还要注意一定要货比三家,谁不愿意花更少的钱买更好的货呢?要掌握一个基本原则,就是在偌大的宠物市场里不可能只有一两家卖龟,因此我们一定要货比三家,在同等质量中比价格,在同等价格中比质量。

4. 选择健康的龟

要观察同一批龟的质量,确定是否是新进的货,这点很重要,因为新进的龟,相对来说可选的余地要大一点,质量也要好一点。这时我建议大家尽量用自己眼睛观察,不要去问商家,因为你去问他们的话,他们会告诉你这些龟是昨天晚上或今天早上到的。

对于这些龟的质量进行判断的标准,主要有以下几点:首先是看龟的神情,新到的龟状态大多数有些亢奋,这是因为这些龟经历了长途跋涉,龟来到了一个新的环境,大多数的龟的眼中充满了新鲜与恐慌,它们还在适应新环境的阶段,对外界的反应是很快的。而以前剩下的龟已经对周围的环境和前来选购的人群熟视无睹了,变得很懒散,甚至有些提不起精神;其次是看龟缸里的水质,新到龟的水质大多较为清澈,因为它们都是刚换上的水,而以前的龟的水中往往是浑浊不堪的甚至有的还用了药,如果是用了药的龟一定不要买,大家可以想想看,要是这些龟没有病,商家为什么要用药? 再次就是一定要选购健康的乌龟,在选购时可通过观察是否一直张开口呼吸,或有流鼻水的现象,这可能有呼吸道疾病,同时记得检查是否有伤口,甲壳是否有缺损,同时泡水看活动力的状况。

5. 选好合适的货源,认真挑选

有些挑选龟的标准是相对而言的,需要买的时候从全方位的结合观察。因此在选择好了商家后,就要在众多的货源中认真选择最适合自己的龟了,在挑选龟的时候,不要偏听商家老板的介绍,要学会自己判断,但要牢记一条基本原则就是幼龟的存活率比成龟低,因此在选择和饲养上要特别注意,水龟可用水族箱来饲养,注意水量要适当且充足,旱龟可以用龟舍来饲养,水陆两栖龟一定要设置成水陆兼具的环境。

6. 注意安全

对刚买回家的龟要进行适当的处理,必须先隔离观察,除适应新环境外,还要注意是否有疾病的征兆。爬虫类常常罹患内部寄生虫病,碰触后记得要将手清洁干净。

十一、几种龟的区别

1. 黄喉拟水龟与乌龟的主要区别

背棱 3 条是两者共同点。背甲:前者棕色略扁,后者棕黄色为雌性、黑色为雄性;上颌:前者似兔唇,后者不是;头顶部后面:前者光滑无鳞,后者有鳞;喉部:前者黄色,后者不是。

2. 黄缘盒龟与金头闭壳龟的主要区别

头部:前者橄榄黄,后者金黄色;前者眼后有柠檬黄弧纹,后者无。背部:前者中央一条脊棱呈浅黄色,后者有一条脊棱无黄色;前者缘盾下方黄色(黄缘),后者无。腹部:前者黑褐色,后者黄色。

3. 黄缘盒龟与黄额盒龟的主要区别

依背甲缘盾是否有一圈黄缘来区别。黄缘盒龟背甲缘盾全呈金黄色,故名黄缘盒龟。而黄额盒龟的背甲缘盾等处有棕褐色的"辐射纹"。

4. 齿缘摄龟与锯缘摄龟的主要区别

背甲后缘:前者略呈锯齿状,侧缘上翘;后者明显呈锯齿状,不上翘。脊棱:前者 1 条,后者 3 条。背部:前者棕色,后者棕黄色。食性:前者贪食不挑嘴,动植物均食;后者喜肉食。习性:前者陆栖,山区;后者山区小溪。

5. 锯缘摄龟与地龟的主要区别

锯缘摄龟的背甲后缘呈明显锯齿状,一般为 8 只,又名"八角龟";地龟背甲前后缘呈深锯齿状,"前 4 后 8",共12 只锯齿,故名"十二棱龟"。

6. 凹甲陆龟与地龟有什么不同

两者的明显区别是头顶前部有没有大鳞。地龟头顶部光滑无鳞;凹甲陆龟背甲前后缘虽呈锯齿状,但上翘,地龟不上翘。

7. 艾氏拟水龟与黄喉拟水龟区别

艾氏拟水龟的腹甲后半部较黄喉拟水龟者宽;前者的腹甲有黑褐色马蹄形斑纹,其两侧枝有时断续而不完整,后者的腹甲从无斑到全为黑褐色,更多的是每一盾片上有一黑褐色大斑点,但绝不呈马蹄形;艾氏拟水龟腹甲前缘较圆,而黄喉拟水龟腹甲前缘凸出;艾氏拟水龟的喉盾沟与肛盾沟均较长,分别占腹甲长的 13.1% 以及 12.5% 以上,而黄喉拟水龟者较短,分别仅占腹甲长的 7.4%～10.8% 及 8.8%～11.5%。

十二、龟的暂养和保管方法

龟的暂养和保管是提高它们的生存率、提高经济效益的重要举措之一,在养殖龟的过程中,我们会经常用到这一技巧。

如果是在夏秋季起捕或收购的龟不能马上起运,可转入池内暂养,暂养密度每亩一般不宜超过 750 公斤,同时应注意按时投饵,保持水质清洁和防止病害发生。如果能保证很快就需要运输出去,这时可在水泥池内先用潮湿的粉沙或水草铺底,再把龟放入池内,然后盖上湿草袋以防爬动和蚊蝇叮咬,数量不宜过多,以免相互挤压抓咬。池内不宜蓄水,但要保持湿润清洁,要经常冲去粪便和其他排泄物。

如果是在冬季起捕或收购的龟不能放在室外,因为低温可能会冻伤它们,这时可放在室内保管,保管室应选向阳背风比较温暖的房间,室内铺上松软湿润的泥沙或黄沙土,厚约 40 厘米,这时活的龟就可以在室内的泥土中冬眠。为了防止保管室内的泥土冻结而使龟冻伤,室温可控制在 2～12℃。

如果是在早春和深秋季节，起捕或收购后能确保在短时间内就能运走的龟，可将龟放在缸内、桶内或水泥池内，里面放适量水，龟的数量不宜过多以免相互抓咬。

第二节　野生龟的驯养

现在我们养殖、观赏的龟大部分都是野生龟，野生龟喜群居，怕惊扰，如果人为地突然改变它原来的生活环境，就会在短时间内出现拒食现象，它们一般不主动进食，需经一段时间的驯化后方能主动觅食，因此驯养它们是成了养龟成功的关键技术。

一、驯龟过程中必须考虑的因素

1. 栖息地

在驯养龟前对所购的龟一定要多做了解，重点对它们的栖息地和生态环境有全新的认识，这样可以在驯养过程中尽可能地营造适宜的条件来满足龟的生态要求，取得最好的驯养效果。

2. 温度

不同的龟对温度是有一定的差异性的，因此在驯养时一定要考虑它最适宜的温度条件，千万不可同一温度饲养百种龟。

3. 湿度

湿度条件也是一样的,水龟和陆龟间以及不同的陆龟和不同的水龟,它们所需要的最适宜的湿度是不同的,一般来说,水龟要求的湿度要大一点,而陆龟对水分的要求则少一点,环境的湿度则要小一点,因此在驯养时也要满足它们的要求。

4. 饵料

长嘴就要吃,养龟前必须要准备充足适口的饲料,当然龟的种类不同、栖息环境不同,它们的食性也是各不相同,因此在驯养龟时准备的饵料也不能千篇一律,要根据不同的龟准备不同的合适饵料。

5. 龟的大小

根据众多龟友的经验,成体龟较幼体龟易饲养,也比幼龟易驯化,因此我们建议龟友购买 50 克以上的幼龟。

二、待驯龟的质量

龟的体质好,成活率就高,驯养也更容易,因此在驯养前一定要认真鉴定龟的质量。一是龟的体重要达 50 克以上;二是野生龟不能是药捕或钓捕而来的,可通过相关手段进行检测;三是龟的体质要健康,眼睛要有神,爬动要灵敏,不能有病症,也不能有明显寄生虫寄生在龟体上;四是观察龟的粪便和龟的行为是否正常。

三、驯龟的步骤

第一步：给龟创造适宜的生存环境，减少它们的应激反应。

为龟准备好一个大小适宜的龟舍是必须的，陆龟龟舍可以用现成的纸板箱代替，也可以制作专用的木箱，当然经济条件好的龟友可以用特制的龟舍；水龟龟舍必须有水源和陆地两种生态环境，以满足它们的需要，然后将准备好的龟舍放在人少或者房屋角落的地方。

第二步：让龟熟悉环境。

在龟舍做好后，先把龟放在里面一段时间（约10天），这时也不要投喂任何饵料给龟，只是正常投水给它喝，让龟慢慢适应龟舍和周围的新环境，同时产生强烈的饥饿感后再驯龟，不可操之过急。

第三步：观察龟的动态。

在龟适应期间要加强观察，一旦发现龟对环境有所适应，活动变得频繁时，就可以准备食物了。

第四步：对病龟的取舍。

这时可加强对龟粪便的观察，有许多龟换了新环境后有一段时间不吃不拉，如果长期不拉粪便的话，可能是病龟，正常的龟大约在1周左右就会拉粪便，如果是病龟就要想方设法治疗，或者直接扔掉不要。

第五步：驯龟。

由于绝大部分龟的摄食温度在20℃以上，因此要积极主动调控龟舍环境的温度，当环境温度为20～30℃时，每天将龟喜欢的食物放在龟的嘴前方，诱使它们动口。肉食性龟要准备好新活的蚯蚓、黄粉虫、瘦肉等它们爱吃的东西，草食性龟要准备好新鲜的青菜、香蕉、黄瓜、蘑菇等；若环境温度低于 19℃ 少许时，可通过加温来达到开食温度，如果温度低得太多，就直接让它们冬眠。

第六步：填食。

对连续 2 周拒食且活动敏捷的龟可以采取填食方法。将龟竖立，拉出龟头并保定好，然后用镊子掰开小嘴，将瘦肉、黄瓜等食物塞入口中，30 秒钟后放下龟，任其自己吞咽，如果发现龟自己不吞咽，而且还往外吐食时，可进一步深填食，就是用镊子或筷子将食物推至食道深处，要记住第一次填喂的食物量宁少勿多，以后渐渐添加填喂量，最后达到让它自行取食的目的。

四、驯龟时的日常管理

在野生龟的驯养过程中还要注意抓好以下几点日常管理工作：

1. 喂食

在投喂前将龟喜欢的饵料洗净并用高锰酸钾消毒，以防有残留的农药及有害物质对龟造成伤害。在温度达 20℃ 以上时，每天可投喂 1 次，每次投喂量以龟能在 1 小时内吃完为宜。如果季节变换，温度不稳定时，可少喂或不喂，一般每 2 天投喂 1 次。

2. 温度

龟是冷血动物,对温度的变化十分敏感。温度不但影响龟的新陈代谢速度,而且也影响觅食和捕食的频率,因此,在驯养中应重视对温度的控制,一是温度不能变化太快,二是温度要达到龟捕食的低限才行。

3. 卫生护理

在驯养过程中,龟的粪便、尿及残饵均留在细沙上或者沉积在水体中,时间一长会发臭变味,极容易造成环境污染和病菌侵袭,对龟的身体健康也极不利,所以做好卫生护理工作是必要的,主要是勤换水、勤洗沙、勤换沙。

4. 加强日常检查

在驯龟的日常饲养中,龟的管理和饲养要求管理者必须认真、细心、谨慎,每天检查龟的活动、进食、粪便情况,并做好日记。对不健康的龟及时分开,隔离饲养。

第三章　常见龟的养殖种类

龟的种类众多,大体上可以分为观赏类、食用类、药用类三种。

第一节　观赏类

观赏类乌龟是一种体色鲜艳夺目、体型相对较小的一些龟,主要是用来供人们赏玩的,一般有小型的水龟类、陆龟类等。

一、锦龟

拉丁名:Chrysemys picta bellii(Gray,1831)。

别名:火神龟、火焰龟。

分类地位:龟科、锦龟属。

分布:加拿大南部(从安大略西南到温哥华岛)、美国华盛顿州、北俄勒冈州到密苏里州及威斯康星州、新墨西哥州、南犹他州、科罗拉多州西南及墨西哥的奇瓦北部。

鉴赏要点:背甲深灰色,边缘具绿色,背甲的缘盾上具红色弯曲条纹,腹甲中央具棕色条纹和斑纹。头部深橄榄色,侧面具数条淡黄色纵条纹,并延伸至颈部。四肢深绿色,具淡黄色条纹。锦龟背甲色彩鲜艳,腹甲鲜红,故名火焰龟。

生活习性:生活于湖泊、河流、小溪和池塘等地。

生长温度:适宜生长温度在 17～32℃,13℃时冬眠。

栖息性:水栖龟类。

食性:杂食性,水草、昆虫和小鱼均食。人工饲养状态下,食瘦猪肉,小鱼、家禽内脏、蚯蚓、菜叶和香蕉等。

个体大小:20～22 厘米。

雌雄鉴别:雌性背甲宽,尾细且短,肛孔距背甲边缘较近。雄性比雌性体小,背甲较长而窄,尾粗,肛孔距背甲边缘较远。

繁殖特点:每年 6～7 月为繁殖期,每次产卵 2～22 枚。卵长径27～31 毫米,短径 4～16 毫米。卵重 3～5 克。孵化期72～80 天。

混养与否:可以混养。

饲养难易度:一般。

特殊要求:对水温变化敏感,温差不宜超过 4℃。

二、红耳彩龟

拉丁名:Trachemys scripta elegans(Wied,1839)。

别名:麻将龟、翠龟、巴西龟、巴西彩龟、秀丽彩龟、七彩龟、彩龟、红耳清龟、红耳龟。

分类地位:龟科、彩龟属。

分布:美国南部、巴西及墨西哥东北部。

鉴赏要点:背甲绿色,具数条淡黄色与黑色相互镶嵌的条纹,背甲椭圆形。腹甲淡黄色,布满不规则深褐色斑点或条纹。头部绿色,具数条淡黄色纵条纹,眼后有1条红色宽条纹。四肢绿色,具淡黄色纵条纹。由于红耳彩龟好养易繁殖,因此养殖的比较多,在不断的养殖过程中出现了一些白化龟和黄化龟的现象,丰富了我们的观赏视野。

生活习性:生活于池塘、湖泊和河塘等地。红耳龟性情活泼,比我国产的任何一种淡水龟都活跃、好动。它对水声、振动反应灵敏,一旦受惊纷纷潜入水中。中午风和日丽则喜趴在岸边晒壳,其余时间漂浮在水面休息或在水中游荡。

生长温度:适宜生长温度为 20～35℃,当环境温度在 17℃度时不宜喂食。15℃度以下时进入冬眠。

栖息性:水栖龟类。

食性:杂食性,人工饲养状态下,喜食面包虫、螺、瘦猪肉、蚌、蝇蛆、虾、小鱼及菜叶和米饭等。投喂时,宜将肉切碎成肉糜。饥饿状态下有抢食行为,且发生大吃小的现象。

个体大小:25～30 厘米。

雌雄鉴别:雌龟体型宽,爪子不太长,尾短,腹甲平坦,泄殖腔孔在背甲后部边缘内,距尾基部较近;雄龟体型较窄且长,四肢的爪较长,前爪明显细长锋利,尾较长,腹部略凹形,泄殖腔孔在背甲后部边缘之外的尾部,距尾基部较远。

繁殖特点:每年 5～8 月为繁殖季节,每次产卵 1～17

枚。卵长径 29～31 毫米,短径 15～19 毫米。卵重 5～7克。稚龟重 4～7 克。

混养与否:有群居习性,可以混养。

饲养难易度:容易饲养。

特殊要求:对体弱或 50 克以下的龟最好采取加温饲养,水温应控制在 28℃左右。幼龟一般可用玻璃缸饲养,将缸内 2/3 面积作为水面积,1/3 辟为陆地。冬眠前要排空龟体内的粪便。

三、四眼斑龟

拉丁名:Sacalia quadriocellata(Siebenrock,1903)。

别名:六眼龟、四眼龟、四眼斑水龟。

分类地位:淡水龟科、眼斑龟属。

分布:中国福建、江西、广东、广西、海南,国外分布于越南和老挝。

鉴赏要点:背甲棕色,无黑色斑点,腹甲淡黄色,散布黑色小斑点。头部皮肤光滑,呈棕橄榄色,头顶部有 2 对眼斑,似眼睛,故名四眼斑龟,颈部有 3 条纵条纹。眼斑和颈部条纹颜色因性别差异而不同,眼斑和颈部条纹颜色呈黄色者为雌性,呈绿色者为雄性。前肢外侧有若干大鳞。

生活习性:胆小,遇惊扰将头、尾、四肢缩入壳内或无目的地四处乱窜。在自然界,四眼斑龟生活于小河、溪流、稻田及水潭的水底黑暗处,如石块下、池拐角处。连续 3～5 次将鼻孔露出水面呼吸后,静伏于水底可达 15～20 分钟左右。每逢大雨后常出来觅食,所以居住山区的捉龟爱好者,大雨后去捕捉。

生长温度:生长的最佳温度是 23～27℃,超过 35℃就会夏眠。16℃时开始停食,13℃时开始进入冬眠。

栖息性:水栖性龟类。

食性:杂食性,人工饲养条件下,尤喜食动物性饵料,如昆虫、小蛙类、瘦猪肉、小鱼和肝等,也食少量胡萝卜、果实、桑椹、香蕉、嫩草叶、根、黄瓜及混合饵料。不食白菜叶、土豆、浮萍,瘦猪肉在水中浸泡时间较长后发白则不食。

个体大小:体形中等,背甲长 14 厘米,背甲宽可达 8 厘米。

雌雄鉴别:四眼斑龟幼体时(个体重 250 克以下),因性未成熟,性别难以鉴定。一般个体体重达 300 克以上,性已成熟。雄性的头顶部呈深橄榄绿色,眼部为淡橄榄绿色,中央有一黑点,每一对眼斑的周围有一白环包围,颈的背部有 3 条橘黄色粗纵条纹,颈腹部有数条黄色纵纹,颈基部条纹呈橘红色,前肢及颈腹部有橘红色斑点;雌性的头顶部呈棕色,眼斑为淡黄色,较亮泽,中央有一黑点,每一对眼斑均前小后大,且周围有灰色暗环包围,颈背部的 3 条粗纵条纹和颈腹部的数条纹均为黄色,在繁殖期,龟体散发出异样臭味。

繁殖特点:每年 5～6 月中旬产卵于沙土中,每次产 1～2 枚,有分批产卵现象。卵长径 41～46 毫米,短径 20～25 毫米。卵重 14～17 克。孵化期为 135 天左右。

混养与否:可以。

饲养难易度:容易。

特殊要求:春天冬眠苏醒后,要保持温度在 20℃ 以上才能正常喂食。

四、地龟

拉丁名:Geoemyda spengleri(Gmelin,1789)。

别名:金龟、十二棱龟、黑胸叶龟、枫叶龟、树叶龟。

分类地位:淡水龟科、地龟属。

分布:国外分布于日本、越南、印度尼西亚、苏门答腊、日本。中国分布于广东、广西、海南、湖南。

鉴赏要点:地龟的背甲呈枫叶状,故有枫叶龟的称呼,体色橘黄色,背甲前后缘呈锯齿状,且前后缘呈锯齿状的盾片加起来有 12 枚,故名十二棱龟;背甲上有 3 条嵴棱,中央 1 条较明显。腹甲黄色,中央具大块黑斑。头部褐色,无条纹,上喙钩形。四肢浅棕色,散布红色或黑色斑纹,具大小不一鳞片。

生活习性:生活于山区丛林、小溪及山涧小河边。

生长温度:生长适宜温度为 23～34℃,低于 20℃ 时,可进入冬眠状态。

栖息性:半水栖型。

食性:杂食性,人工饲养条件下,喜食面包虫、蚯蚓、蚂蚁、蟋蟀、蝼蛄、苹果、瘦猪肉、西红柿、黄瓜和番茄。

个体大小:体型小,成体背甲长仅 12 厘米,宽 7～8 厘米。

雌雄鉴别:雌龟腹甲平坦,尾略细而短,泄殖腔孔距腹甲后缘较近。雄龟腹甲中央凹陷,尾长且短,泄殖腔孔距腹甲后缘较远。

繁殖特点:体重250克左右已能产卵,每年的6～8月产卵,卵长径43毫米,短径18毫米。卵重6克,孵化期约50天。

混养与否:不宜混养。

饲养难易度:很难饲养。

特殊要求:不能长时间生活在深水中(水位不能超过自身背甲高度的2倍),否则,将有被溺水的可能。温差不能超过5℃。

五、黄缘盒龟

拉丁名:Cistoclemmys flavomarginata(Gray,1863)。

别名:断板龟、夹蛇龟、夹板龟、黄板龟、食蛇龟、呷蛇龟、克蛇龟、驼背龟、黄缘闭壳龟。

分类地位:淡水龟科、盒龟属。

分布:中国分布于安徽、江苏、浙江、广西、广东、福建、湖南、河南、台湾、香港等地。国外分布于日本的九州岛等地。

鉴赏要点:背甲的中央高隆,呈绛红色,中央具有淡黄色的嵴棱,每块盾片上均有细密同心圆纹,背甲缘盾腹面为黄色,故名。腹甲黑色。眼眶上有一条金黄色条纹,由细变粗延伸至颈部,左右条纹在头顶部相遇后连接形成U形条纹,上喙呈钩形,黑褐色的四肢上有较大鳞片。

生活习性:因其背甲缘盾腹部黄色,故名。在自然界中,黄缘盒龟栖息于丘陵山区丛林、杂草、灌木之中的阴暗地,且距溪谷不远。龟在遇到敌害侵犯时,可将它夹死或夹伤,如蛇、鼠等动物;也可将自身缩入壳内,不露一点皮肉,使敌害无从下手。

生长温度:黄缘盒龟在环境温度 28℃时最适宜,15℃时偶尔少食,10℃以下冬眠,35℃时,会出现夏眠状态。

栖息性:半水栖龟类。

食性:食杂性,昆虫、蚯蚓、幼蛇、蠕虫、天牛、金叶虫、蜈蚣、壁虎及菜叶、苹果、米饭等皆吃。

个体大小:23～26 厘米。

雌雄鉴别:黄缘盒龟个体重达 150 克时能分辨雌、雄。雌龟背甲较宽,背部隆起较低,顶部钝;腹甲后缘略呈半圆形;尾粗短;泄殖腔孔距尾基部较近。雄龟背部隆起较高,顶部尖;腹甲后缘略尖;尾长;泄殖腔孔距尾基部较远。同年龄的龟,雌性个体总是大于雄性个体。

还有一种鉴别方法就是将龟的腹部朝天,用手将龟的四肢、头顶触缩入壳内,将龟的尾部摆直,若是雄性龟,则可看到交接器从泄殖腔孔内翻出,呈黑色伞状。而雌性的泄殖腔孔内仅排出泡泡或稀黏液。

繁殖特点:雄龟个体重达 280 克,雌龟个体重 450 克左右性成熟。每年 4～10 月底为交配期。每年 4 月开始发情交配,5～9 月为产卵期,每次产卵 2～4 枚,可分批产卵,每窝 2～10 枚。卵长椭圆形,白色,长径 40～46 毫米,短径 20～26 毫米,重 8～19 克。繁殖期为 75～90 天。

混养与否:喜群居,常常见到多个龟在同一洞穴中。

饲养难易度：非常容易。

特殊要求：因其指、趾间仅具有半蹼，故不能长时间生活于深水中。此种龟有吃卵的现象，产卵后要立即收回龟卵。

六、中国平胸龟

拉丁名：Platysternon megacephalum megacephalum (Gray,1831)。

别名：大头平胸龟、平胸龟、鹰嘴龟、大头龟、鹰嘴龙尾龟、龙尾麒麟龟、三不像、大头龟、鹦鹉龟。

分类地位：平胸龟科、平胸龟属。

分布：中国分布于安徽、福建、广东、广西、云南、贵州、重庆、江苏、湖南、江西、浙江、海南、香港。

鉴赏要点：背甲扁平，椎盾有放射状黑纹，头大，呈三角形，上喙钩形，似鹰嘴状。颈部棕黑色，较短。尾长，具环状排列的长方形鳞片。该龟的头、四肢均不能缩入腹甲，是比较特殊的一类龟。

生活习性：由于该龟具有锋利的爪和强有力的尾巴，性情凶猛，能够轻易爬越障碍物和爬树。喜栖于树叶、山溪、沼泽地、水潭、草丛及石洞中。喜夜间活动。

生长温度：生长温度为 16～27℃，10℃ 以下要冬眠。

栖息性：水陆两栖龟类，以水中生活为主。

食性：喜食动物性饵料，尤喜食活物，如幼金鱼、蚯蚓、黄粉虫、蜗牛、螺类、蚬、贝、虾、鱼、蟹、蛙、昆虫和蠕虫等。人工养殖条件下，死鱼、死虾、家禽内脏、螺、蛙以及糠麸、豆饼、果实或水果皮等也食。

个体大小:22～26 厘米。

雌雄鉴别:成年龟的雄性腹甲中央略凹,尾较粗,泄殖腔孔距腹甲后缘较远,通常与尾基部的距离为 2.5 厘米左右;而成年龟的雌性腹甲中央平坦,肛孔距腹甲后缘较近,通常与尾基部距离在 1.5 厘米以内。

繁殖特点:平胸龟体重达 250 克左右,龟龄 5 年左右开始性成熟,每年 6～8 月中旬为产卵季节,每次产卵 1～3枚,产卵时大多数卵产于陆地沙土中,少数产于水中。卵较小,为椭圆形,卵长径 31～35 毫米,短径 19～20 毫米。卵重 10～11 克。

混养与否:该龟有相互咬四肢的习性,所以,饲养时应一缸养一只。

饲养难易度:一般。

特殊要求:冬季温度降到 10℃左右,应在器皿里加入沙土,使其隐入沙中冬眠。冬眠中,切忌提高环境温度,以免影响龟的正常冬眠。饲养器皿的深度要超过龟全长的 3倍以上,防止龟逃走。

七、锯缘龟

拉丁名:Pyxidea mouhotii(Gray,1862)。

别名:平背龟、方龟、八角龟、锯缘箱龟、锯缘摄龟。

分类地位:淡水龟科、锯缘龟属。

分布:国外分布于越南、印度、泰国和缅甸。中国分布于广东、广西、海南、湖南和云南。

鉴赏要点：背甲前缘有 4 枚锯齿，后缘有 4 枚锯齿，计 8 枚锯齿，故名八角龟。背甲中央具 3 条纵嵴，因背甲呈方形，又名方龟。上喙钩形，四肢灰褐色，具覆瓦状鳞片。

生活习性：生活于山区、丛林、灌木及小溪中。

生长温度：它喜暖怕寒，当环境温度在 19℃时，进入冬眠，25℃时正常进食，适宜温度为 22～31℃。

栖息性：半水栖龟类。

食性：食肉性，尤喜活食，如蝗虫、黄粉虫和蚯蚓等。人工饲养条件下可喂蚯蚓、黄粉虫，并搭配果菜类饵料，以补充各种维生素，使体内营养平衡。

个体大小：背甲长 19～25 厘米，宽 10～12 厘米。

雌雄鉴别：雄性尾较长，且尾基部粗壮，肛孔距腹甲后缘较远，腹甲中央略凹；雌性体型较大，尾短，肛孔距腹甲后缘较近，腹甲中央平坦。

繁殖特点：有关繁殖习性报道较少，仅知其卵长径 40 毫米，短径 25 毫米。

混养与否：不宜混养。

饲养难易度：较难。

特殊要求：器皿中铺垫潮湿沙土和栽种些野草及摆些碎石等，水位不能超过龟背甲高度的一半，否则有溺水现象。

八、放射陆龟

拉丁名：Geochelone radiata(Shaw,1802)。

别名：驼背龟、菠萝龟、背龟、射纹龟、辐纹龟、蜘蛛龟。

分类地位:陆龟科、土陆龟属。

分布:马达加斯加南部、毛里求斯和留尼旺岛。

鉴赏要点:许多玩友都认为放射陆龟是最高贵的一种龟,背甲褐色,每一块背甲中央都会有一个黄色或橘色的中心,从这个中心向外辐射出4～12条黄色或橘色的星形或放射状条纹,这些条纹粗细不同。腹甲黄色,有数块大黑色三角形斑纹,后缘缺刻。头顶后部呈黑色,上喙钩形。四肢褐色,前肢前缘具覆瓦状大鳞片。

生活习性:野外喜生活于周围有灌木丛林、低矮植物和森林的干燥陆地。

生长温度:放射陆龟喜暖怕寒,温度应保持在30℃左右。当温度低于20℃时,龟的活动量,食量减小。温度下降到15℃左右时,进入冬眠。

栖息性:陆栖热带龟类。

食性:草食性,以水果、青草和肉质食物为食,包括仙人掌。人工饲养下,喜食很多种水果、植物茎叶、瓜果蔬菜等植物,如甘薯、胡萝卜、苹果、香蕉、苜蓿芽、大白菜和番茄等,尤其偏好红色的食物。少量龟有吃小石子现象。

个体大小:38～42厘米。

雌雄鉴别:雄性背甲较长,尾巴粗而长,腹面有V形凹槽;喉盾较突出;雌性体大,背甲短而宽,尾部无凹槽,细且短,喉盾不突出。

繁殖特点:每年5月和7～9月为繁殖季节,在产卵前,雌龟会挖洞做为孵化巢,洞深25厘米左右,每次产卵3～12枚,卵长径36～42毫米,短径32～39毫米。卵重

35～48 克。孵化期长达 145～231 天。

混养与否：可以。

饲养难易度：一般。

特殊要求：每周应晒 1～2 次太阳，但夏季不能在阳光下直射。冬眠时温度保持在 10℃以上。

九、绿毛龟

严格来说，绿毛龟也不是一个种，而是对大类龟的统称，它是系指乌龟、黄喉拟水龟、平胸龟、四眼斑龟、三线闭壳龟和金头闭壳龟等龟类身体上附生基枝藻、龟背基枝藻等粗壮而附着力强的丝状藻类后而形成的龟体，其中以黄喉水龟最好。

别名：根据不同品种而称为五子夺魁、天地缨、天缨、单缨、牡丹头。

分类地位：淡水龟科，根据不同的基龟而分属不同属。

分布：野生的绿毛龟主要分布在湖北省蕲春县和江苏的常熟县，现在全国各地均有培育，国外的日本和马来西亚也有培育。

鉴赏要点：绿毛龟根据不同的基龟有不同的形态特征，但最主要的一个共性就是龟体上长有绿色毛，毛越长越好看，越长越名贵。

生活习性：长期生活在水中，野生的主要生活在池塘、湖泊、溪流中。

生长温度：22～35℃为适宜生长温度。

栖息性：水栖性。

食性:杂食性,在野外食昆虫、节肢动物和环节动物等,也食泥鳅、田螺、鱼虾、小麦、水稻和杂草等。人工饲养条件下,食家禽内脏,猪肉和混合饲料等。

个体大小:30～45厘米。

雌雄鉴别:应根据不同的基龟进行鉴别。

繁殖特点:与不同的基龟有关。

混养与否:不宜混养,宜一器一龟。

饲养难易度:难。

特殊要求:在培育时要选择好基龟和基枝藻,培育时要注意水质清洁卫生,尽可能不冬眠。定期对绿毛进行梳理,不仅可以保持绿毛的洁净,有利于基枝藻的生长,而且可有效地防止杂藻的生长。

第二节　食用类

人类食用龟的历史由来已久,据统计,在龟动物中除了玳瑁外,几乎所有的龟都可以食用,这是因为龟的肉质好、营养丰富、保健功能好,具有滋补身体、延年益寿的功效。

一、蛇鳄龟

拉丁名:Chelydra serpentina(Linnaeus,1758)。

别名:鳄龟、鳄鱼龟、小鳄龟、小鳄鱼龟、肉龟、美国蛇龟、平背龟、拟鳄龟。

分类地位:鳄龟科、鳄龟属。

分布：美国东部、加拿大南部、墨西哥东南部到哥伦比亚及厄瓜多尔。

鉴赏要点：鳄龟长相奇特，背甲的每块盾片具棘状突起，后部边缘呈锯齿状，从棘的顶点向左、右、前三个方向形成放射状条纹。头呈三角形，上喙钩形，散布有小黑斑点和数粒小突起物，龟的口裂较大，头部和四肢均不能完全缩入壳内。四肢都具覆瓦状鳞片，指趾间具发达的爪和丰富的蹼。尾部较长，覆有鳞片，尾中央具1行刺状的硬棘，背部形成棘，似鳄鱼尾。

生活习性：喜栖于淡水的河、塘及湖泊的水草、沼泽地及水潭和松软的泥里，也可生活于含盐较低的咸水中，如港湾、河口湾。鳄龟喜白天在水中，伏在泥沙、灌木、杂草、木头或石块上，有时也漂浮在水面，有时四腿朝上，背甲朝下，头却朝上露出水面。夜晚龟开始爬动，鳄龟不怕寒冷，不惧炎热。

生长温度：生长适宜温度为18～38℃，又以28～31℃生长最快，15℃以下时进入冬眠。

栖息性：水陆两栖龟，长年喜栖息在淡水中，冬季常挖岸洞群居。

食性：以动物性饲料为主的杂食性动物，在自然界觅食昆虫、小虾、蟹、水螨、鱼卵、蛆、蜗牛、小鱼、蚯蚓、螺蚌、水蛭、小蛙、蟾蜍、野果、植物茎叶、蛇及藻类。人工饲养状态下，食鱼、瘦肉等动物性饵料，也食黄瓜、香蕉等瓜果蔬菜。

个体大小：体形大，背甲长可达45～48厘米，个体最大者可达 10 公斤。

雌雄鉴别：雄性的体形较大，有较长的尾，其长度是腹甲长度的 86%，且泄殖腔孔位于背甲边缘之外；雌性龟尾短，龟尾的长度少于腹甲长度的 86%，泄殖腔孔位于背甲边缘之内。

繁殖特点：每年 4～10 月为繁殖季节，每次产卵 11～80 枚，通常有 20～30 枚，体形大的雌龟产卵多。卵白色圆球形，直径 23～33 毫米，卵重 7～15 克。孵化期 55～125 天。当孵化温度在 30℃ 以上或在 20℃ 以下时，稚龟为雌性；当孵化温度在 22～28℃ 时，稚龟为雄性。

混养与否：龟是龟类中最凶猛的一种，每个容器中最好只饲养一只鳄龟，不宜群养。

饲养难易度：容易。

特殊要求：食料、光照、水质对它的饲养很重要。

二、乌龟

拉丁名：Chinemys reevesii(Gray,1831)。

别名：草龟、香龟、泥龟、臭乌龟、金龟、墨龟，幼体亦称金钱龟。

分类地位：淡水龟科、乌龟属。

分布：中国除青海、西藏、宁夏、吉林、山西、辽宁、新疆、黑龙江、内蒙古没有发现外，其余各地均有分布。国外分布于日本、朝鲜。

鉴赏要点：背甲棕色(雄性为黑色)，中央隆起(幼龟有 3 条嵴棱)，腹甲棕灰色(雄性为黑色)，每块盾片具大块黑色斑，后缘缺刻较深。头部橄榄绿色（雄性为黑色），头后方被粒鳞。眼后至颈侧具黑色，黄绿色相互镶嵌的纵条纹3条，龟在自然界中有一种病态表现，那就是白化现象或黄化现象，分别称为白化龟和黄化龟，它是龟在生长发育过程中受到突然的刺激造成色素基因突变而形成的。当然还有一种是人为造成的龟病态表现，最明显的例子就是近来不断出现的所谓"8字龟"，它是人为用细铁丝缠在幼龟身上，随着龟的生长，就将龟从中间不断地缢裂成8字型，这是很不人道的行为，作为龟友，我们并不提倡这种行为。

生活习性：中国龟类中分布最广，数量最多的一种。生活于江河、湖泊、稻田、溪流和池塘中。

生长温度：最佳养殖水温为28～31℃，19～32℃生长较好，12℃左右开始冬眠。越冬可在池塘，也可干放在室内泥沙中越冬，冬季池塘底泥不能低于0℃。

栖息性：半水栖生活。

食性：食性很杂，食小麦、稻谷、鱼虾、蠕虫、螺及瓜果蔬菜等。人工饲养时主要食蚯蚓、鱼肉、虾等动物性饵料。

个体大小：20～25厘米。

雌雄鉴别：雌龟体较大；躯干短而厚；背甲黄褐色，皮肤略有黄斑点；尾短粗，基部细小，略有异臭味。雄龟体较小，几乎整个呈黑色；躯干长而薄；腹甲略为凹陷，背甲黑色，皮肤黑色；尾细长，基部粗大，内含交接器，有浓异臭味。

繁殖特点：每年4～10月为繁殖期，每次产卵1～5枚，可分批产卵，每年产卵3～4次。卵产于岸边自掘的松软沙土穴内,并用沙土覆盖压平,孵化期 57～75 天。孵化温度不同,孵化天数与稚龟性别有差别。当孵化温度为32℃时,孵化期 58 天,稚龟多为雌性;当孵化温度 23～27℃时,孵化期 75 天,稚龟多为雄性。

混养与否:可以混养。

饲养难易度:容易。

特殊要求:池塘与水泥池养殖时,应给乌龟留有陆面休息、晒背的地方,缸、盆养殖水不宜太深,一般 15～20 厘米,稚龟水深 3～5 厘米。

在冬季越冬时对水温有讲究,池塘底泥不能低于 0℃,室内越冬温度保持在 0℃以上,12℃以下。

三、中华花龟

拉丁名:Ocadia sinensis(Gray,1834)。

别名:花龟、草龟、斑龟、珍珠龟。

分类地位:淡水龟科、花龟属。

分布:国外分布于越南。中国分布于福建、广东、广西、海南、香港、江苏、台湾、浙江。

鉴赏要点:背甲呈栗黑色,中央略隆起,嵴棱 3 条(幼龟更明显),腹甲棕黄色,每块盾片具一大黑斑块,腹甲后缘缺刻深。头部、颈部具数条黄绿色镶嵌的粗细不一的条纹。四肢布满黄绿色镶嵌的细条纹。尾具黄色镶嵌的条纹。因其头部、颈、四肢均布满绿色条纹,故称"花龟"。

生活习性:生活于池塘、河湖、水潭等缓流地及陆地上。

生长温度:在 22～35℃时,生长旺盛,15℃以上时就没有食欲,冬眠时水温不能低于 5℃。

栖息性:水栖龟类。

食性:食性杂,如植物嫩叶、水草、米饭、水竹叶、蛹、双翅目的幼虫和螺等。人工饲养时,以动物性饵料为主食,可喂养猪肉、鱼肉、小虾等,尤其喜食小米虾。

个体大小:是淡水龟类中体型较大的一种,背甲长可达 22～25 厘米,宽可达 15～17 厘米。

雌雄鉴别:雌性背甲宽大,壳较拱起,肛门和泄殖孔位于腹甲后缘较近。雄性背甲较长,后部较窄,肛门位于腹甲后缘较远。

繁殖特点:每年的 4～9 月是繁殖期,每次产卵 10～20 枚,孵化期 2 个月左右。

混养与否:可以混养。

饲养难易度:容易。

特殊要求:喜暖怕寒,对水温变化敏感,每年初春是龟成活的关键,要做好疾病预防工作和秋季的投喂增膘工作。

四、周氏闭壳龟

拉丁名:Cuora zhoui Zhao and Zhou and Ye,1990。

别名:黑龟、黑闭壳龟。

分类地位:淡水龟科、闭壳龟属。

分布:分布于中国广西、云南。

鉴赏要点:背甲黑色或褐黑色,中央有(幼龟更明显)

或无崤棱,腹甲褐黑色,胸盾、腹盾及股盾中央有较大三角形土黄色斑块,胸盾与腹盾间借韧带相连。头顶部无鳞,皮肤光滑,上喙钩曲,虹膜黄绿色,鼓膜部浅黄色,自鼻孔经眼部,达头部后端有一条淡黄色的细条纹,自眼后达头部后端有一条淡黄色的细条纹,2条细条纹的边缘嵌以橄榄绿线纹;颈部皮肤布满疣粒,颈背部,侧部橄榄绿色,颈腹部浅灰黄色。

生活习性: 生活于山区丛林及山涧溪流、小河处。人工饲养条件下,可生活于深水中。

生长温度: 生长适宜温度为 22~32℃,最佳为 30℃,低于 16℃时就进入冬眠状态。

栖息性: 半水栖龟类。

食性: 肉食性,爱吃鱼肉、瘦猪肉、家禽内脏和小昆虫,投喂瓜果蔬菜均不食。

个体大小: 21~24 厘米。

雌雄鉴别: 雌性个体背甲宽而短,尾短而细,泄殖腔孔距腹甲后缘较近,泄殖孔内无交接器;雄性个体背甲较长且薄,尾长,泄殖腔孔距腹甲后缘较远,泄殖器内有黑紫色交接器,如果在交配季节,雄龟还会有乳白色的精液排出。

繁殖特点: 周氏闭壳龟数量稀少,目前,尚未有人工繁殖的报道。

混养与否: 不可混养。

饲养难易度: 极难。

特殊要求: 饲养水位宜浅。冬眠时的温度要保持在10℃以上,冬眠中途不可将龟取出。

第三节　药用类

药用龟就是指用龟的整体、部分器官或组织入药，可以用来治疗某些疾病，几乎所有的龟在供食用的同时就同时具有了药用功效，例如大家都知道的龟板就是一味非常好的中药材。

一、绿海龟

拉丁名：Chelonia mydas(Linnaeus,1758)。

别名：石龟、黑龟、菜龟。

分类地位：海龟科、海龟属。

分布：广泛分布于南、北纬 30°或 40°之海域中。中国分布于山东、浙江、福建、台湾、广东、广西、海南、香港、江苏沿海，为我国二级保护动物。

鉴赏要点：绿海龟背甲为卵圆形，棕红色，幼龟背甲有橘黄与棕色镶嵌的花纹。骨质壳不完整，腹甲淡黄色（幼龟为白色），头部具 1 对前额鳞，头和四肢不能缩入壳内，四肢呈桨形。背面棕黄，腹面黄色，脂肪绿色，因之称绿海龟，它是海产龟类中数量最多的一种。

生活习性：生活在海水里。

生长温度：4℃左右。

栖息性：海水龟类。

食性：主食大型海藻或海草。饲养环境改变时，也食各种鱼类、头足类、甲壳类等动物。幼龟以浮游性动、植物为食。

个体大小:体型较大,体长 1 米,体重可达 200 公斤。稚龟体重 22 克,背甲长 46 毫米。

雌雄鉴别:雄龟的尾巴较长,而雌龟尾巴则较短,不超出背甲。

繁殖特点:海龟并非每年都交配产卵,平均要 2～5 年才能再交配产卵。每年 4～10 月繁殖,午夜爬上沙滩产卵,产卵时间因地点不同而有差异,如在南沙,整年均可产卵,每次少则 50 枚,多则 4000 枚。卵白色圆球形,外壳似羊皮,具有弹性。孵化期 44～70 天。

混养与否:可以混养。

饲养难易度:较难。

特殊要求:要保持海水内各种无机盐的比例。

二、蠵龟

拉丁名:Caretta caretta。

别名:红海龟、赤蠵龟、灵龟。

分类地位:海龟科、蠵龟属。

分布:大西洋、太平洋、印度洋等热带海域。

鉴赏要点:背甲棕色,有深绛色斑点或条纹,头顶部绛红色,具有对称的大鳞片,上、下喙呈钩状,四肢呈桨状,有利于游泳。

个体大小:成体可达 200 公斤,背甲长 120 厘米。

生活习性:喜欢栖息在岩石海岸区域。

生长温度:4℃左右,能长时间耐寒。

栖息性：水陆两栖龟。

食性：杂食性，摄食海绵、海藻、乌贼、螃蟹、蚌类、贝类。

雌雄鉴别：雄龟的尾巴较长，而雌龟尾巴则较短，不超出背甲。

繁殖特点：是唯一可以在温带沙滩上产卵的海产龟，3～4月产卵，每次产卵64～200枚，孵化期49～71天。

混养与否：可以混养。

饲养难易度：较难。

特殊要求：在人工养殖时要保持海水内各种无机盐的比例。

三、艾氏拟水龟

拉丁名：Mauremys iversoni Pritchard and McCord，1991。

别名：福建拟水龟。

分类地位：淡水龟科、拟水龟属。

分布：中国福建的南平与建阳、贵州中部和贵阳附近。

鉴赏要点：背甲棕色，中央嵴棱明显。腹甲淡黄色，每块盾片上具有大块黑斑块，肛盾上的黑斑块最大。头顶淡棕色略显黄色。侧面具2条黑色条纹，上喙中央呈A形，颈背部淡灰褐色，颈腹部淡黄色。四肢灰黑色。

生活习性：艾氏拟水龟生活于海拔500米左右的山区急流缓冲地段或回水处，偶见于稻田。

生长温度：适宜生长温度为17～30℃，低于15℃时就要冬眠,超过 33℃时要夏眠。

栖息性:半水栖龟类。

食性:杂食性,主要食昆虫、节肢动物和环节动物等,也食泥鳅、田螺、鱼虾、小麦、水稻和杂草等。

个体大小:17～24 厘米。

雌雄鉴别:雌龟腹甲平坦,尾短粗;雄龟背甲较长,腹甲中央凹陷,尾较长,肛门离腹甲后缘较远。

繁殖特点:4～10 月为繁殖期,每次产卵 2～5 枚。孵化期 60～70 天。

混养与否:可以混养。

饲养难易度:容易。

特殊要求:在换水时,一定要注意温度的变化,不能超过 4℃。

四、草龟

拉丁名:Hardella thurjii(Gray,1831)。

别名:花冠龟。

分类地位:淡水龟科、草龟属。

分布:中国、日本、巴基斯坦、孟加拉国、印度、尼泊尔。

鉴赏要点:背甲具 3 条黑色纵条纹(有的无),黑色的腹甲上有淡黄色不规则斑纹。头部为黑色,头顶部有橘红色条纹,顶部中央有一条橘红色纵条纹,尾巴较长。

生活习性:生活于沼泽、池塘、湖、河及小溪。

生长温度:适宜生长温度为 18～27℃,25℃左右最为活跃,进食欲望强,低于 14℃时,进入冬眠。当温度超过

30℃时,龟进入夏眠,不动不食。

栖息性:水栖龟类。

食性:以动物为主的杂食性。人工饲养条件下,食浮萍、水花生、水果、蔬菜和苏丹草等,也食瘦猪肉、鱼肉、面包虫、虾及幼蛙。

个体大小:10 厘米左右。

雌雄鉴别:雄性背甲较长且窄,尾较粗。雌性背甲较宽,尾细且短。

繁殖特点:每年的 4～10 月是繁殖期,每次产卵 12～16 枚,孵化期 75 天左右。

混养与否:可以混养。

饲养难易度:较易。

特殊要求:人工饲养时,要有水陆两部分自然景观,水只要没到龟壳 1/2 到 2/3 就好。水温变化不宜高于 4℃,否则,龟易患肠胃疾病。喂食后 20 小时内不宜换水。

五、三爪箱龟

拉丁名:Terrapene carolina triunguis(Agassiz,1857)。

别名:箱龟、三趾箱龟。

分类地位:龟科、箱龟属。

分布:加拿大南部、美国中东部至得克萨斯。

鉴赏要点:卡罗来纳箱龟的 6 个亚种之一。其背甲色彩及花纹变化较大,但其后腿仅有 3 个爪是区别其他亚种的主要特征。

生活习性:生活于陆地、草地及丘陵地带。

生长温度:适宜生长温度在 17～29℃,14℃时冬眠。

栖息性:陆栖龟类。

食性:杂食性,摄食昆虫、植物茎叶等,在人工饲养条件下,也爱吃瘦肉、鱼、虾、香蕉、黄瓜和菜叶等。

个体大小:19～22 厘米。

雌雄鉴别:雌性背甲宽,尾细且短,肛孔距背甲边缘较近。雄性比雌性体小,背甲较长而窄,尾粗,肛孔距背甲边缘较远。

繁殖特点:每年 5～7 月为繁殖期,每次产卵 2～7 枚,卵长径 24～40 毫米,短径 19～23 毫米,孵化期为 75～90 天。

混养与否:不可混养。

饲养难易度:很难。

特殊要求:不能长时间生活在深水中,在人工饲养时,水位不能超过自身的背甲高度。

六、豹龟

拉丁名:Geochelone pardalis(Bell,1828)。

别名:豹纹龟。

分类地位:陆龟科、土陆龟属。

分布:非洲东部和南部、美国。

鉴赏要点:背甲隆起较高,黑色或淡黄色,每块盾片上具乳白色或黑色斑纹,似豹纹。头部较小,呈黄色,上喙钩形。四肢淡黄色,前肢前缘有大块鳞片。豹龟背甲的底色不同,可分为白豹龟和黑豹龟。

生活习性：喜暖怕寒，栖息于草原、丛林黄灌木周边干燥地区。

生长温度：生长适宜温度为 25～28℃。

栖息性：陆栖龟类。

食性：草食性，以植物的叶、果实为食。人工饲养条件下，喜食莴苣、甘蓝、胡萝卜、四季豆、生菜和西瓜等瓜果蔬菜。

个体大小：背甲长可达 72 厘米。

雌雄鉴别：雌性龟的腹甲中央平坦，无凹陷，尾短且细，泄殖腔孔距腹甲后部边缘较近；雄性龟的腹甲中央凹陷，年龄大的龟腹甲凹陷的程度越大，尾长且粗壮，泄殖腔孔距腹甲后部边缘较远。

繁殖特点：夏季是繁殖季节，每次产卵 6～15 枚。卵白色，圆球形，直径为 36～40 毫米。孵化期较长，可达 10～15 个月。

混养与否：可以混养。

饲养难易度：一般。

特殊要求：喜暖怕寒。夏季对饲养地的沙土应每月更换，每天及时清理饮水盆、粪便及残饵。并每天将龟放到水盆中洗一次澡，一般宜在中午进行。

第四章　龟类的营养与饲料

第一节　龟的食性

一、龟的食性

按照饵料的来源,龟的食性可分为3种类型:杂食性、动物性、植物性。动物饲料包括猪肉、小鱼虾、牛肉、羊肉、猪肝、家禽内脏、蚯蚓、血虫、面包虫,植物性饲料包括菠菜、芹菜、莴笋、瓜、果等。还有一种就是大规模养殖时用的人工混合饵料,这是人工配制的,具有营养全面、使用方便的优点,像专用龟增色饲料、颗粒状饲料等。

由于长期的进化及食物链原因,导致生活在不同水域的龟有不同的食性,一般来说,水栖龟类为杂食性,如平胸龟科、鳄龟科、龟科。海栖龟类为杂食性,它们主要食海藻、鱼类、甲壳类动物及各种可能得到的植物等。半水栖龟类为动物性,黄缘盒龟、地龟等龟类,食蚂蚁、面包虫、猪肉等。陆栖龟类则以植物食性为主,如黄瓜、香蕉、白菜等瓜果蔬菜及各种草类。工厂化人工养殖情况下,喜食全价配合饲料。

龟的食量,因种类不同、体重大小而有差异。一只体重 2.5 公斤的缅甸陆龟,一次可吃食 3～4 根香蕉或 3 根黄瓜。而一只重 500 克的金钱龟一次仅吃食 10～30 克的肉。另一方面龟的耐饥饿能力很强,健康的龟可 5～8 个月不吃食物。

二、龟的摄食方式

龟的摄食方式主要是吞食,利用其锐利的爪及伸缩敏捷、转动自如的头颈猎取食物,并将猎获的食物纳入口中,经上下颌特化的角质喙压碎,再由下颌前缘与口角附近的唾腺分泌唾液使食物润滑,以便吞咽。由于它们是爬行动物而且爬行速度很慢,因此龟在摄食过程中基本是不主动追击猎物,只静候食物来到或潜伏在水底蹑步潜行或悄悄地呆在一边,待食物接近时,立即伸颈张嘴吞食。

第二节　龟的植物性饵料

龟常见的植物性饵料有面条、面包、饭粒及各种新鲜蔬菜、瓜果等。对于一些陆生龟类来说,植物性饵料有时是主要食物。投喂前要仔细检查是否有害虫,必要时可用浓度较低的高锰酸钾溶液浸泡后再投喂,杜绝给龟带入病菌和虫害。通常龟喜食的植物性饵料很多,现分别叙述如下:

青菜叶:饲养中不能把菜叶作为龟的主要饵料,只是适当地投喂绿色菜叶作为补充食料,以使龟获得大量的维生素。龟喜吃小白菜叶和莴苣叶,在投喂菜叶以前务必将其洗净后,再在清水中浸泡半小时,以免菜叶沾有农药或药肥,引起龟中毒。然后根据龟的大小,将菜叶切成细条投喂。

菠菜:新鲜的菠菜洗净后用水焯一下,切碎后即可用来喂龟,菠菜含有大量的维生素,龟的食物中应经常添加些菠菜,可以增强它们的体质。

豆腐:含植物性蛋白质,营养丰富。豆腐柔软,对大小龟都适宜。但是在夏季高温季节应不喂或尽量少喂,以免剩余的豆腐碎屑腐烂分解,影响水质。

饭粒、面条:可将干面条切断后用沸水浸泡到半熟或者煮沸后立即用冷水冲洗,洗去黏附的淀粉颗粒后投喂。饭粒也需用清水冲洗,洗去小的颗粒,然后投喂。

饼干、馒头、面包等:这类饵料可弄碎后直接投喂,合理投喂量宜少。它们与饭粒、面条一样,吃剩下的细颗粒和龟吃后排出的粪便全都悬浮在水中,形成一种不沉淀的胶体颗粒,容易使水质浑浊,还容易引起低氧或缺氧现象。

其他的植物性饲料还有:香蕉、苹果、山芋、小白菜、板栗、嫩玉米等。

第三节　龟的动物性鲜活饵料

龟摄食的鲜活饲料有水蚤(稚龟开口阶段的饲料)、摇纹幼虫、黄蚬、河蚌、螺蛳、野杂鱼、蝇蛆、蚯蚓、蚕蛹、畜禽下杂等。这些天然动物性饵料种类较多,适口性好,容易

消化,含有龟类所必需的各种营养物质,尤为龟所喜食。通常用于养殖的动物性饵料有以下几种:

水蚯蚓:俗称鳃丝蚓,它是环节动物中水生寡毛类的总称。它通常群集生活在小水坑、稻田、池塘和水沟底层的污泥中。水蚯蚓身体呈红色或青灰色,是龟适口的优良饵料。捞取水蚯蚓要连同污泥一现带回,用水反复淘洗,逐条挑出,洗净虫体后投喂。若饲养得当,水蚯蚓可存活1周以上。

血虫:摇蚊幼虫的总称,活体鲜红色,生活在湖泊、水库、池塘和沟渠道等水体的底部,有时也游动到水表层。血虫营养丰富,容易消化,是龟喜食的饵料之一。

蚯蚓:蚯蚓的种类较多,一般都可作龟的饵料,将蚯蚓放在容器内,洒些清水,经过1天后,让其将消化道中的泥土排泄干净,再洗净切成小段喂养龟。

蝇蛆:因个体柔嫩、营养丰富,可作为龟的好饵料。投喂前需漂洗干净,减少其对养殖水缸、水质的污染。人工繁殖蝇蛆时需要严格控制,以防止对环境造成污染。

蚕蛹:含丰富的蛋白质,营养价值较高,通常是被磨成粉末后,直接投喂或者制成颗粒饲料投喂龟。蚕蛹的脂肪含量较高,容易变质腐败,因此,在投喂前一定要注意质量。

螺、蚌肉:需除去外壳,通过淘洗,煮熟后切细或绞碎投喂龟。

福寿螺:是饲养龟的优质饵料,投喂时,将福寿螺用小锤敲碎去壳,并用刀切碎,然后固定投在靠近水面的斜板上,让龟拖入水中自由进食。

血块、血粉:新鲜的猪血、牛血、鸡血和鸭血等都可以煮熟后晒干,制成颗粒饲料喂养龟。此类饵料的营养价值很高,如将其制成粉剂与小麦粉或大麦粉混合制成颗粒饵料喂养龟,则效果更好。

新鲜血液:主要是喂鳄龟。

鱼、虾肉:不论哪种鱼、虾肉都可以作为龟的饵料,营养丰富且易于消化。若将鱼、虾肉混掺部分面粉,经蒸煮后制成颗粒饲料投喂则更为理想。

胎盘:畜禽胎盘富含动物需要的多种营养成分和胎盘绒毛膜促性腺素,在龟尤其是鳄龟日粮中添加动物胎盘,效果好。将胎盘洗净污物,切成蚯蚓状细条,与蚯蚓、黄粉虫、切碎的下脚料等按1∶1的比例混合投喂。如果是干燥胎盘,可将它粉碎后与其他饲料混合加工成颗粒料投喂。

其他的动物性饵料:根据经验,我们常喂的其他的动物性饵料还有黄粉虫、畜禽肝脏、瘦肉,但要注意,一旦龟发现所吃的肉里有一点肥肉时,会及时将肥肉吐出来。

第四节　龟的人工配合饲料

发展龟养殖业,光靠天然饵料是不行的,除开展人工培养活饵外,必须发展人工配合饵料以满足养殖要求。人工龟配合颗粒饵料,要求营养成分齐全,主要成分应包括蛋白质、糖类、脂肪、矿物质和维生素等五大类。

一、龟的营养需求

龟的饲料，也就是通常所说的龟食，除考虑龟是否爱吃之外，还应考虑食物的营养价值，因为龟类需要合适的蛋白质、脂肪、碳水化合物、维生素和无机盐才能正常生长发育。另外龟的采食行为、消化吸收与环境温度和龟的酶系统活性有关。湿度、光源、群体密度和饲料的类型也影响龟的采食行为，例如红色和黄色是海龟偏爱的颜色。

良好的龟专用饲料具备哪些条件？这要从它的成分谈起：

1. 蛋白质

蛋白质是构成身体的主要成分，肌肉、血液、内脏、皮肤等都是由蛋白质所构成的，抵抗疾病的抗体其主要成分也是蛋白质，摄食的蛋白质成分不足会导致龟体重下降、肌肉退化、消瘦、易继发感染、繁殖障碍、伤口愈合不良甚至生长停滞，多数蛋白质缺乏症见于吃嫩芽类饲料的草食龟或厌食的病龟。一切饲养业的根本任务，都是促成蛋白质的转换，龟生长的好坏取决于饲料蛋白质，尤其是动物蛋白所含的氨基酸含量及其比例。

龟对蛋白质的需求，由于受饲料蛋白的种类、龟生长发育阶段等因素的影响，所以龟对蛋白质的最适含量是一个非常复杂的问题，不同蛋白质的营养价值，由于氨基酸的组成不同以及可消化程度的不同而有很大差异。据了解，食肉龟饲料中的蛋白质含量应在 $18\% \sim 20\%$，食草龟

应是 11％～12％。肉食性龟饵料中的蛋白质来源有大豆、
糠虾、白鱼粉等。草食性龟的饲料中可以添加苜蓿芽、豆
芽或大豆或粗粮食、无脊椎小动物。而通过试验表明，稚、
幼龟蛋白质最适需要量为 47.43％～50％，最适为 48％；
幼龟饲料为 46％～47％；成龟蛋白质最适需要量为43％～
45％，亲龟饲料为 45％，生产中可以此为基准。

2. 脂肪

脂肪主要是作为体脂贮存在体内或用于运动的能源，
是龟肌体新陈代谢重要的能量来源之一，但是适量即可，
饵料中的脂肪如果含量过多，长期蓄积在体内并大量沉积
在龟内脏周围，就如同人类一般，过度肥胖健康会产生不
良的影响。

脂肪还是脂溶性维生素（V_A、V_D、V_E、V_K）的载体，并
促进这些维生素的吸收和利用，因此，在饲料加工时必须
添加脂肪。龟所必需的脂肪酸是亚油酸，添加适量的油脂
对提高饲料效率、增重率、增重系数等都有好处。一般情
况下，稚龟饲料中需添加不超过 0.2％的植物油脂，成年龟
饲料中添加量不应超过 0.4％。养龟用饲料在配制中多使
用脱脂鱼粉，脂肪不足，因此在调制配合饲料时，需添加
2％～3％的植物油。添加适当的脂肪含量，不仅改善了龟
饲料的适口性，也提高了饲料的利用率和增肉系数。不宜
添加动物油（猪油、鱼油等），因为龟能吸收动物油。

3. 糖类（碳水化合物）

糖类是龟体内能量的主要来源，在许多情况下龟的能量需求靠的是蛋白质的糖元以异生的方式来满足。龟饲料中加入一定量的碳水化合物，能起到节约蛋白质，提高蛋白效率，促进龟生长的作用。在龟饲料中常用大麦、小麦或是更为高级的小麦胚等做为主原料，饲料中一般有糊精、蔗糖、纤维素、α-淀粉 4 种碳水化合物，以 α-淀粉最好，试验表明，在增重率、饲料效率方面，添加 α-淀粉（马铃薯淀粉）的组最好，α-淀粉的适宜含量范围是 $22\% \sim 25\%$，能提高饲料蛋白质利用率。α-淀粉，它既是黏合剂，又提供能量来源，具有速溶性、保水性和高黏性等优点，对饲料的黏弹性、柔软度、内聚力和稳定性都有很大作用。

4. 维生素

要欣赏到健康、漂亮的龟，维生素是重要的促成因子，它可协助营养素的吸收、利用、促进生长，也是代谢作用的辅助因子。

龟正常的新陈代谢和钙平衡需要维生素 D，维生素 D 在龟饲料中要求有比鱼类更高的含量，它的主要作用是参与钙、磷的代谢，促进肠道对钼、磷的吸收。龟在自然界，摄食天然饵料，很少发生维生素不足。而在人工饲养条件下，偏食投喂的人工饲料，会产生维生素缺乏症。一系列实验表明，龟缺乏维生素烟酸、吡哆醇（B_6）、B_{12}等水溶性维生素，便明显生长不良；缺乏维生素 C，抗菌能力减弱；缺乏脂溶性维生素（A、D、E、K），就会产生生理上的障碍或患病。由于龟肌体所需的维生素是从饵料中而来的，因此在补充维生素时可添加市售的复合维生素剂或投喂一定数量的鲜活饵料，也可在饲料中添加综合维生素，或利用含丰富维生素E的胚芽油，龟可以从中摄取一部分所需的维生素。为了让维生素可在最佳时机被利用，尽量使用新鲜的饵料，勿将饲料放置过久，否则时间放置过久，维生素会酸败变质。

5. 无机盐

矿物质也是重要的营养元素之一，包括常量元素钙、磷、钠、氯、硫、钾、镁7种及微量元素铬、氟、硒、镍、锡5种，是龟体内代谢作用的辅助因子，也具有稳定神经的作用，其中钙是骨骼的主要成分。对龟来说，钙能促进造骨，并对血液凝固起着一定作用。龟饲料中钙的含量需在3％以上，而龟饲料中磷的含量要求在1.5％以上。镁是脂肪、碳水化合物和蛋白质代谢中大量存在的酶辅助因素，是影响龟生长发育的仅次于钙、磷的重要元素，初步证实，龟饲料中磷酸镁的添加量为0.4％～0.5％较为合适；钾和钠是主要的渗透离子；铁、铜是造血的血色素形成所必需的元素；锰参与骨骼形成和红血球再生，并使肝脏酶活性化；锌是胰岛素结构功能所必需的成分；碘是甲状腺素所需的成分。此外，钴与维生素 B_{12} 的形成有关，硒是维生素 E 的有关成分。一般来说，高等动物所需的无机盐，对龟也同样需要。尤其在饲养亲龟时，无机盐的作用更为突出。

人工饲养下的龟常缺乏矿物质,饲料中应当添加矿物质和维生素添加剂。矿物质的补充是非常重要的,除了给龟投喂小动物食品如小鱼、黄粉虫、蟋蟀幼虫外,应当尽量供给全价的平衡营养。给龟添加维生素和钙的方法,是把昆虫放在塑料袋中,袋中放少量的维生素和矿物质添加剂粉,摇晃塑料袋把粉混在昆虫上,马上就给龟喂这种昆虫。

6. 纤维

粗纤维对维持龟消化道的正常功能是必需的,例如大型陆龟和其他食草性品种龟,添加草、增加粗纤维有治愈慢性恶嗅性腹泻的作用。

7. 免疫配方

龟在养殖过程中最怕出现的就是疾病,尤其是在高密度的养殖条件之下,龟容易因为紧迫造成抵抗力降低,并因此患病。针对这一点,高品质的人工饲料之中都会添加天然的免疫配方,这种天然的化合物可在短时间内恢复龟的抵抗力,有效预防病毒、细菌、真菌的侵袭。当然,经常摄食天然活饵料对提高龟免疫力具有明显效果,因此在投喂时要注意天然饵料的及时供应和科学投喂。

二、龟的配合饲料

1. 人工配合饲料

根据龟的不同生长发育阶段和龟的生理特点以及对

各种营养物质的需求,将多种原料按一定比例配合、加工而成,就是人工配合饲料。它具备营养物质全面、动物蛋白与植物蛋白配比合理、能量饲料与蛋白饲料的比例适宜,并添加了龟特别需要的维生素和矿物质以及引诱剂等,使各种营养成分发挥最大的经济效益,并获得最佳的饲料效果。

工厂化温室养殖龟的关键技术之一,是在养殖全过程中投喂全价营养配合饲料。实践证明,使用配合饲料的好处有:一是提高了饲料的营养价值;二是减少疾病;三是通过加工增加了饲料的适口性;四是增重比饲喂天然饲料的快。因此,在一定生产规模的情况下,使用配合饲料是经济而又科学的。

2. 配合饲料的原料

配合饲料的原料包括动物性原料和植物性原料 2 种。动物性原料提供动物蛋白源,如鱼粉、贝粉、肝末粉、骨肉粉、血粉等。植物性原料提供植物蛋白源,多采用各种饼类(如豆饼、花生饼、菜籽饼等)。

(1)动物性原料

动物蛋白最好采用白鱼粉,白鱼粉又叫北洋鱼粉,是采用太平洋底层鱼类鳕、鲽、狭鳕等加工而成。它的鱼粉鲜度好,活性因子多,蛋白含量高达 65%～70%,尤其含蛋氨酸(1.42%),赖氨酸(5.02%)等必需氨基酸,脂肪含量 2%～5.6%,香味很浓,诱食效果极佳,是生产龟饲料的首选原料。

另一类鱼粉为褐色鱼粉，如秘鲁鱼粉是采用中上层的竹刀鱼、沙丁鱼、太平洋鲱鱼等加工而成，含粗蛋白60%左右，粗脂肪7.7%～9%，含盐量也高。虽然鱼粉不错，但不能作为生产龟饲料的主原料。因为它和α-淀粉混合后不具黏弹性，且消化吸收差。

贝粉，含粗蛋白48%～52%，且各种氨基酸含量丰富，同时不饱和脂肪酸含量也高，具有明显的诱食作用，它也是龟饲料的优质蛋白源。

饲料动物蛋白源的多少是决定龟生长快慢的主要因素。在保证蛋白质基本数量的前提下，龟生长情况更取决于饲料蛋白质的质量，即饲料蛋白质所含氨基酸的种类与比例。因此，要生产优质龟配合饲料必先选择优质原料。

（2）动物蛋白与植物蛋白的适宜比例

龟属于以肉食性为主的杂食性动物，配合饲料应以动物蛋白为主，植物蛋白控制在一定的范围内，根据试验结果看，动物蛋白与植物蛋白之间比例，稚龟阶段为（6～7）∶1，幼龟为6∶1，成龟5∶1为好。

3. 黏合剂

黏合剂是使颗粒和碎粒状饲料保持一定形状及黏合所必需。倘若人工饲料的粘合性能差，会造成饲料中各种原料的散失，导致浪费饲料及污染水质。由于龟是一种具有缓慢食性的肉食动物，饲料黏合剂的种类和数量是仅次于动物蛋原对饲养效果发生重要影响的饲料要素。α-淀粉、羧甲基纤维素、海藻胶等是龟饲料的良好黏合剂。

4. 原料粒度

原料粒度对饲料系数、饲料蛋白质消耗等有直接影响。龟饲料要求原料粒度全部通过 80 目分析筛。因为原料粒度越细，其表面积越大，与消化液接触面积越大，其吸收利用率越高。原料粒度越细，原料之间的空隙越小，其密实度越大，饲料的稳定性越高，其浪费越少。所以原料的粒度是提高饲料质量的关键因素。

5. 饲料配方

龟全价配合饲料的配方是根据龟的营养需求而设计的，同时根据龟的生理特性及各种原料的主要特点，在配方设计过程中应考虑动植物蛋白的比例不低于 3∶1，蛋白饲料与能量饲料的比例应在 7∶1，钙磷比例在 1∶(1.5～2)。掌握了这些基本参数，就可以设计出一套合理的龟全价饲料配方，下面列出几种配方仅供参考：

稚龟配方 1：鱼粉 70%、豆粕 6%、酵母 3%、α-淀粉 17%、矿物质 1%、其他添加剂 3%。

稚龟配方 2：鱼粉 77%、啤酒酵母 2%、α-淀粉 18%、血粉 1%、复合维生素 1%、矿物质添加剂 1%。

幼龟配方 1：鱼粉 70%、蚕蛹粉 5%、血粉 1%、啤酒酵母 2%、α-淀粉 20%、复合维生素 1%、矿物质 1%。

幼龟配方 2：鱼粉 20%、血粉 5%、大豆饼 25%、玉米淀粉 23%、小麦粉 25%、生长素 1%、矿物质添加剂 1%。

幼龟配方 3：鱼粉 38%，面粉 20%，豆饼 12%，玉米粉

10％，花生饼 10％，菜籽饼 5％，骨粉 3％，赖氨酸 1％，多种维生素 1％。

成龟配方 1：鱼粉 60％、α-淀粉 22％、大豆蛋白 6％、啤酒酵母 3％、引诱剂 3.1％、维生素添加剂 2％、矿物质添加剂 3％、食盐 0.9％。

成龟配方 2：鱼粉 65％、α-淀粉 22％、大豆蛋白 4.4％、啤酒酵母 3％、活性小麦筋粉 2％、氯化胆碱（含量为 50％）0.3％、维生素添加剂 1％、矿物质添加剂 2.3％。

成龟配方 3：肝粉 100 克、麦片 120 克、绿紫菜 15 克、酵母 15 克、15％虫胶适量。

成龟配方 4：干水丝蚓 15％、干子了 10％、干壳类 10％、干牛肝 10％、四环素族抗生素 18％、脱脂乳粉 23％、藻酸苏打 3％、黄蓍胶 2％、明胶 2％、阿拉伯胶 2％、其他 5％。

成龟配方 5：鱼粉 25％、玉米粉 15％、豆粉 15％、面粉 15％、蚕蛹粉 10％、骨粉 3％、花生饼 15％、赖氨酸 1％、多种维生素 1％。

成龟配方 6：北洋鱼粉 70％、α-马铃薯淀粉 22％、啤酒酵母 3％、复合维生素 1％、磷酸二钙 3％、矿物盐 1％。

成龟配方 7：鱼粉 67％、活性谷胱氨基酸 2％、啤酒酵母 3％。α-马铃薯淀粉 22％、豆饼蛋白（50％）4.4％、复合维生素 1％、氯化胆碱（50％）0.3％、矿物盐 0.3％。

成龟配方 8：还有一种配方就是利用各种天然饵料简单配制而成，主要适用于成龟的养殖。这类饵料原料有有丝蚯蚓、红虫、昆虫、水蛋、虾、鱼、蚌、螺、蝇蛆、蚕蛹，动物屠宰下脚料和各种青料如瓜类、青叶菜类,红薯、稻谷、小麦等。其加工和配制方法是,动、植饲料按 6∶4 或 7∶3 分别捣碎,然后倒入绞拌机内加些适宜的防病药物,再绞拌均匀。这种饲料蛋白质含量不很高,一般在 30% 上下,但养乌龟的效果较好。

三、龟饲料的质量评定

根据经验,主要的评价标准有以下几点:

1. 感官:要色泽一致,无发霉变质、结块和异味,除具有鱼粉香味外,还具有强烈的鱼腥味。

2. 饲料形态:饲料的形态主要有团状和颗粒状两种,团状饲料的制作比较简单;颗粒状分为软颗粒、膨化颗粒,膨化颗粒能漂浮在水面上并保持一段时间的原形,使龟能充分摄食,但制作时因高温生产过程中容易使饲料中的热敏营养物质受到破坏,如维生素 C 制粒后损失率达 72%。而实践中以软颗粒为普遍,投放在饲料台水陆交界点,这样可适合多种龟类摄食。

3. 颗粒大小:依龟体大小而定,适口为原则。一般龟的规格为 10 克以下时,颗粒的直径为 4 毫米左右,10～50 克为 7 毫米左右,50 克以上为 9 毫米左右。

4. 黏合性:指饲料在水中的稳定性,龟料投喂时,良好的黏合性可以保证饲料在水中不易散失,尤其是水栖性龟更要注意。加工制成面团状或软颗粒饲料在水中的稳定性,要求稚龟料保证 3 小时不溃散或在水体中保形 3 小时,幼龟料保证 2.5 小时不溃散或保形 2.5 小时,成龟料与亲龟料保证 2 小时不溃散或保形 2 小时为良好。

5. 其他：水分不高于 10%，适口性良好，具有一定的弹性。

第五节 龟的科学投喂

一、给饵法

在自然条件下，以投喂动物饵料为主，稚龟期喂水生昆虫、水蚯蚓等，幼龟期和成龟期都可以喂小鱼、虾、蟹、蛙、蚌、螺、蚬等；在大规模人工饲养条件下，以投喂配合饲料为主，适当搭配动物饵料等，其比例以 7∶3 为宜。龟易于驯服，尤其是一些观赏龟可训练从主人手中取食。在驯服时可用音乐训练龟，每次喂食前放一段音乐，待龟形成条件反射，即会集中在固定场所。

二、人工填食法

在小规模人工饲养条件下，尤其是为了给龟驯食或给患病龟治病的情况下，可以采用人工填食法的方法来投喂。

如何控制龟身体及拨开嘴巴？方法是：喂药人坐在较矮一点的凳椅上，将龟竖起，腹甲朝右，用两大腿内侧夹住龟身体，力度以龟不能逃脱为宜。在龟缩着脑袋时，用光滑圆头镊子的一侧，轻轻地拨开嘴巴，立即用一光滑的勺子卡在嘴中。

龟填食方法有 3 种：一是插入软导管，沿食管插入大约体长的 1/3，之后把注射器内的食物泥或溶液注入到龟的胃内。应少量灌服，避免逆流。抽出插管时应小心，切勿损伤口腔组织。第二种方法是投喂小鱼、小昆虫等小动物，在插管上涂上蛋清，管插入一小段长度后，人工把小动物送入胃内。第三种方法是用镊子捏住食物，送进口腔，并往食道深部推送下（也可以用棉签帮助往食道深部推送），再用 1 毫升注射器推进 0.2～0.3 毫升的水帮助龟顺利吞咽，取走勺子，就势用拇指和食指轻轻地捏住上下颌，这时龟会伸长脖子吞咽下食物。注意你的手劲要顺着龟脖子的运动方向，避免伤着龟。

三、投喂技巧

"定时、定位、定质、定量"的四定原则是养殖龟最基本的投喂原则，当然也要注意饲料的合理搭配。

1. 定时

养龟的饵料投喂每天的次数为 2～3 次，如果选 2 次，投喂时间以上午 10 时、下午 3 时左右为宜。如果选 3 次，可再增加夜里 10 时左右的 1 次，每次控制在半小时内吃完。

2. 定位

颗粒饲料投喂时最好选择固定场所，这样龟在形成摄食习惯之后，会自动群集索食。实践表明，颗粒饵料投放在饲料台水陆交界点，是比较适合龟的摄食习惯，而且饲料浪费少。

定位的方法常用石棉瓦垒成斜面，1/3 伸入水中，2/3 露出水面，饵料就投放在石棉瓦的槽中，先投放在水下，再投放到水陆交界处，最后引导到水位线上面的瓦槽中。水上投饵，只要保持环境安静、水质稳定，当龟摄食时不受外界干扰，并满足其需要的最佳温度，龟的摄食量不仅不会减少，而且饵料利用率高，有利于添加防病促长剂，是目前最合理、最经济的方式。水上投饵需要注意的是：尽可能扩大食台面积，用多个石棉瓦组成，以食台长度占龟池一边的 80% 为准，让更多的龟能找到自己的食台位，减少个体差异。在水族箱中投喂时，也要注意不要让龟过度争食，以免造成伤害。

对于龟、鱼混养池，为避免肉食性鱼类对食物的竞争，每亩龟池应设马鞍形食台 2～3 个，让龟和鱼"分灶吃饭"。在投喂鱼料饲料半小时之后，再投喂龟饲料。

3. 定质

饲料中往往带有病原体，尤其是不新鲜的天然饵料。饲料中的病原体除了直接侵入进龟的肌体外，有的还被动带入养殖水体中，成为新的疾病传染源。因此，饲料消毒是非常重要的。消毒的方法是将生物饵料用水洗净，然后用 20 毫克/升的呋喃唑酮浸泡 20 分钟。

定质的要求是保证饵料的质量要新鲜卫生，还要求不投变质的配合饲料和动物饵料。定期补充高钙、低磷和维他命的食物,能使骨头增长及预防软骨病。因为磷成分过高会造成骨骼和甲壳内钙质成分的释出,钙质则可避免龟壳变软。

4. 定量

龟的投饲量,应根据龟的大小和水温高低以及投饲时的摄食情况等来掌握,一般较小的龟日投饲量(占体重的百分数)较高,在水温接近 30℃ 时,日投饲率高,水温低时,应减少投喂鲜活饲料,以保持营养均衡。水温降至 18℃ 以下时,龟逐渐停止摄食,不再投饲,准备捕捉上市。

龟的投饵量以八分饱为宜,小龟宜 1 天喂 1 次,每天都要喂,龟渐渐长大以后,可以两三天喂 1 次。在最佳温度下,稚龟的投饵量为其体重的 4%～5%;幼龟为 3%～4%,成龟和亲龟为 2%～3%。通常目测以大龟 50 分钟吃完,小龟 30 分钟吃完为度。夏天气温高时龟食欲最盛,在冬季则少食或不食进入冬眠状态,应根据不同的环境因素来决定给饵量。

必须注意的是,龟吃惯某一种饲料后,如突然改投另一种饲料,往往因不习惯而减少摄食量,影响生长。

5. 饲料的搭配

使用配合饲料时,应加投 1%～2% 的蔬菜和添加 3%～5% 的植物油。在低脂鲜鱼易得的地方,在每公斤配合饲料中添加 3.5～4 公斤的碎鲜鱼和 1%～2% 的鲜蔬菜(或青饲料),能促进龟的摄食量和增重率。

第六节　降低饲料成本和提高
饲料利用率的途径

在龟的养殖过程中,饲料是非常重要的一项投资,有的时候会占到整个养殖成本的 60% 左右,因此,一定要想方设法降低饲料成本和提高饲料利用率,这些途径主要有以下几种。

一、因地制宜,广辟饲料资源

龟以动物性饲料为主食,若完全依赖某些固定配方中指定的动物性饲料,往往会受到地域及饲料来源限制,因而饲料成本高,影响养殖龟的发展。因此,因地制宜,利用当地饵料资源,开发动物蛋白饲料,具有积极的意义。

1. 充分利用屠宰下脚料

利用肉类加工厂的猪、牛、羊、鸡、鸭等动物内脏以及罐头食品厂的废弃下脚料作为饲料,经淘洗干净后切碎或绞烂煮熟喂龟。沿海及内陆渔区可以利用水产加工企业的废鱼虾和鱼内脏,渔场还可以利用池塘鱼病流行季节,需要处理没有食用价值的病鱼、死鱼、废鱼作饲料。如果数量过多时,还可以用淡干或盐干的方法加工储藏,以备待用。

2. 捕捞野生鱼虾

在江河、湖泊岸边建造养殖龟池，在方便的条件下，可以在池塘、河沟、水库、湖泊等水域丰富的地区进行人工捕捞小鱼虾、螺蚌贝蚬等作为龟的优质天然饵料。这类饲料来源广泛，饲喂效果好，但是劳动强度大。

3. 收购野杂鱼虾、螺蚌等

在靠近小溪小河、塘坝、水库、湖泊等地，可通过收购当地渔农捕捞的野杂鱼虾、螺蚬贝蚌等为龟提供天然饵料，在投喂前要加以清洗消毒处理，可用 3‰～5‰ 的食盐水清洗 10～15 分钟或用其他药物如高锰酸钾杀菌消毒，螺、贝、蚬、蚌最好敲碎或剖割好再投饲。

4. 繁殖生物饵料

一是在龟池内繁育生物饵料，满足龟尤其是幼体阶段的摄食需求。

二是人工培育活饵，在后面进行讲述。

5. 提高投饵的经济性

首先要根据不同的地区、季节、品种、价格，选择最经济适用的饵料，要因时因地地选择鱼、虾、螺、蚌、蛙、动物下脚料、配合饲料等。

其次是要根据不同的龟生长阶段选择最适用的饵料，在鲜料价格低时可以以鲜料投喂为主，其他的为辅，在鲜料价格较高时可以投喂其他的饲料。在龟的幼体阶段应以蝇蛆、黄粉虫、水蚯蚓等优质的高蛋白饵料为主,而在成体生长阶段则以配合饲料为主。

最后就是投饵的时间要适时,龟在越冬后,一旦温度适宜就要做到早开食;在春秋两季温度适宜时一定要加强投喂,做到中午投喂占60％的量;而在盛夏高温季节,则以晚上投喂为主;无论什么季节,在刮风下雨时,都要减少投喂。

二、减少散失

首先是让饲料的保持时间更长。目前生产上常用鳗鱼饲料作龟饲料,一般认为,龟饲料的黏结剂用面筋较好。此外,还可以用甲基纤维素、明胶、藻胶等做黏结剂。这种饲料的制作方法有利于饲料在水中的保形时间更长,可以有效地减少饲料的损失。

其次是减少饲料在水中的缺失,可改变在水中投饵的方式为岸边饵料台投饵,这是因为龟是爬行动物,都可以在吃食时爬行到岸边摄食,可以在池边设置坡度20°～25°的缓坡型饵料台,将饵料台的1/3浸入水中,经过一段时间的驯饵后,可以让龟自然爬到岸边的饵料台吃食,这样可以随时观察龟的取食数量及发病情况,也可以有效地防止没吃完的饲料沉落在水底而造成污染。

再次,采取多点设台、少量多次的投喂技巧也是减少饲料散失的有效手段。

最后就是促进龟的消化,如果有条件时,可以将饵料

（蝇蛆、黄粉虫、蚯蚓除外）煮沸 15 分钟,这样就能达到杀菌杀虫的目的,同时还有改变饲料适口性、促进龟消化和吸收的效果,应在龟的投饵中大力提倡。

三、改进饲料形态

在养殖龟时常用块状馅饵,馅饵需使用机械搅拌,在高温的条件下,极易腐败,保存时间不超过 5 小时。使用浮饵对减轻水质污染也是有效的,池水有机物耗氧量减少了一半,龟池换水时间可延长 1 倍,加温养殖时,喂浮料能减少开支,使用浮饵操作也方便。

四、做到投饵的综合性

要打破一个观念,就是投饵不仅仅就是为了吃! 投饵还要同龟的其他功能相结合。

首先是投饵要与防病相结合,由于龟大部分时间是生活在水中,有时生病了也不能及时了解并采取有效措施来解决,因此防病是最重要的。可以利用投喂饵料的机会加强疾病的预防,可定期在饲料中加入一些具有预防疾病的微量元素、维生素、酶制剂、免疫多糖等,以提高龟的抗病力。

其次是把投饵与给药治病相联系,对于龟的疾病治疗,尤其是内服药物的效果要比外用药物和注射用药要好,这时可以利用投饵的机会,将治疗疾病的药物添加在饵料中或者直接包裹在鲜活的动物性饵料中,这对还能吃食的龟是个非常较好的治疗手段,这些药物通常有氟苯尼考粉、大蒜素、三黄粉等。

最后就是把投饵与净化水质有机地结合在一起，为了防止那些未被龟吃完的饵料以及它们自己的粪便沉入水底发酵，造成水体的污染，因此在投饵时要将饵料投放在岸边，同时要采取多餐少量、多点少投的投饵技巧，尽可能地减少投饵对水质的污染；另外在投饵时，可定期向龟池里注水或泼洒 EM 菌水产制剂，来达到分解粪便和残余饲料的目的，从而达到净化水质的作用。

第五章 龟的养殖

第一节 家庭养龟

家庭控温养龟,是人为打破龟的休眠期,人为地延长它的生长周期,同时,适宜且恒定的温度可加大龟的摄食欲望,因此它可以使龟生长速度大大加快。根据龟友的经验,一般商品龟要 4~5 年的生长期,经过加温养殖,只要 1 年左右就能达到成龟的商品要求。

一、环境布置

家庭室内养龟基本上是以水陆两栖龟和陆龟为主,因此环境设置要符合龟的生活习性,主要是掌握以下 2 个要点:一是既要有水栖部分,又要有陆地部分。二是既要有光线充足的地方,又要有阴暗隐蔽的地方。根据许多龟友的经验,在家庭室内养龟时,通常用阳台做饲养场所,或者在其他的室内放置饲养箱。

温室的大小因地制宜,大小以长 2 米、宽 1.5 米、高 1.8 米,面积为 3 平方米就可以了,可以将温室设置成 3 层,可养龟 200 只左右。温室的底面和四面墙体采用

5 厘米厚的泡沫板构成，并用胶水粘固，防止温度散逸。顶部采用双层保温结构，两层间隔 10 厘米左右，最好在两层之间加泡沫板，保温效果更好。

二、饲养容器

如家庭小范围饲养几只幼龟，可以利用家中现成塑料盆(桶)、陶、瓷缸放养，每盆(缸)养 1～3 只，遮上尼龙网防逃。这样可以饲养稚幼、中龟或饲养肉用龟。

一般家庭中养龟时基本上用养龟箱或称饲养箱。所有的水陆两栖龟都喜欢在水中停留，也喜欢在陆地上休息或晒太阳或吃东西，所以当你在室内饲养龟时，最好把它放到水槽里饲养。如果没有现成的水槽时，也可用塑料制的容器饲养龟，但是一定要注意不要让塑料表面的伤痕弄伤龟的身体。由于龟不可能长久停留在水中，因此在水中停留一段时间后，必定浮上将鼻孔部分露出水面呼吸换气，所以养龟箱无论如何设计，原则上必须有水有陆，最好是水陆各占一半，水陆间要设一爬梯，为龟爬上陆地的通路。坡度在 20°左右，以便龟轻便上下。

根据龟友的经验，一般认为水龟饲养箱的要求主要掌握以下几点。

1. 饲养箱里可用 80 厘米的水槽作为水源供应，水中要设有专用的高效过滤器。水深相当于龟脚着底头伸出水面能呼吸的程度，最好每天换水。为了保证温度的恒定，必须配备 50～100W 的自动加热器。另外饲养箱内的加热灯是必不可少的，无论是成龟还是幼体，都不可缺少一定的日照,因此照明必须用日光灯。陆地部分通常是用沙子堆成的,沙比水位稍高,宜选用稍大粒的沙为宜。为了防止沙子崩塌,可考虑选用丙烯树脂板隔断,在沙子上可以交错放置石头、木头,易于龟类在栖息、玩耍时供攀登用。

2. 从陆龟整体来说,饲养箱越大越好,这是因为陆龟本身的运动量多,而且要靠自己移动来调节温度、紫外线量,所以饲养箱中最好要有足够的空间、有隐蔽空间和温差,让其能自行选择温度高、湿度低、向阳、背阴的地方。许多龟友喜欢饲养栖息在沙漠中的陆龟,尽管温度、光量、食饵的种类都充足,但也有食欲下降、体质逐渐变坏的情况发生,在这种情况下,就要怀疑饲养箱是否过于狭窄。

3. 陆龟的饲养箱需要每边长各 90 厘米,高 20～30 厘米,有一处可以打开,便于清扫。考虑到龟有叠罗汉逃跑的习性,也就是一只龟爬到另一只龟的背上,所以这种高度要达到在这种情况下也不逃脱的程度。各个角落可以用三角板加固,兼有防逃板和遮阴的作用,当光量过强时,这些三角板也成了龟躲避光的重要的背阴处。在饲养箱的底板上必须开 4～5 个直径 1～5 厘米的洞,作为通气孔。饲养箱内铺厚沙,沙的厚度在 5～10 厘米,最好定期更换,日光杀菌,这时因为有通气孔和沙土发挥作用,龟粪的气味也就变得较少了。在陆龟每天投饵的地方,最好不放容水器。

4. 饲养箱既不能轻易移动,又要考虑冬季保温,所以要放在室内,嵌板式加热器设置在中央,同时要配备热源灯,冬季可放在龟舍的中央。冬季也可盖上丙烯树脂板保温,但应充分注意不要潮湿。最重要的是场所要让陆龟能舒适地度过夏天,昼夜温度差也是必须考虑的,一般而言,夏季夜间的温度也会下降到25℃左右,这时就要选择通风好的场所,如果整个上午能照1～2小时的光照的地方更好。

三、养龟池的建设

这是在家庭室内进行大规模养殖时常用的一种养殖池,对龟而言,居住的环境空间提供类似原栖息地的生活环境是非常重要的。如果是在阳台建池,应视阳台面积和养龟数量,建一层或建立体龟池。池中同样要建假山,有陆地面积和沙土,便于龟活动和产卵。如果是在庭院中,可建若干个池,池中用太湖石造假山,种植些美观的水草,使龟如同生活在大自然环境中。在龟池一侧,留一个洞口,与花坛相连,使龟能在花坛中的砂土上产卵,卵可任其自然孵化,最好是人工孵化。

首先选择一个水源排灌进出方便之地,避风向阳处。开挖一个1～1.5米深水池(形状和面积不限,依地所安排),水池的一边留有占池总面积10%～20%的陆地,以作为母龟产卵场。池周砌上砖、石,并用水泥粉刷平整,防龟打洞。产卵场用水泥抹平或铺上砖块。产卵场靠池水处筑成一个45°斜坡,有利于上岸觅食、活动、产卵。池水深度一般不少于0.5～1米。池周陆上再建1～1.5米高围墙防逃,若不建围墙,可在池周盖尼龙网防龟逃逸。池中设小岛,岛上长杂草,草丛中放砂堆,现在有条件的龟友家里也流行用价格更高、效果更好的生态池养龟。斜坡上最好铺上废旧地毯或泡沫塑料,也可铺木板等软或光滑之物,以防雌龟肚腹被粗糙物擦伤。在繁殖产卵季节,产卵场内加上20厘米厚沙土,供母龟产卵。在产卵季节可以不放沙土。大的水池内要加入些沙土或黏土(池底抹水泥的不必加),小型水池不必加沙土。

如家庭小范围饲养,可以利用家中现成缸盆放养,遮上尼龙网防逃。这样可以饲养稚幼、中龟或饲养肉用龟(不作繁殖)。如家内饲养用于繁殖的鳄龟,起码要有1平方米以上池子为好(养一组1公2母),如太小,不利于这么大体形的鳄龟交配产卵。小范围水池的产卵场可用木板架在池子水面上的一旁,母龟会自动爬上去产卵,但不要架得太高,以距水面2~3厘米高为宜。成龟池放养密度一般每平方米5~7只,最多不超过10只。

新建水泥池,要注意洗除强碱性物质,因为水泥内碱性物质对鳄龟有刺激性,会使龟的皮肤糜烂和口腔黏膜及眼角膜充血引发炎症。因此,要在放养前用1000毫克/升过磷酸钙溶入水中浸泡1~2天,或用10％冰醋洗涮水池表面,中和碱性,然后注满水浸泡数天,再用清水冲洗1~2遍后养龟。亦可用清水把水泥池浸泡冲洗1~2周后换水养龟,也可脱去碱性。在放入龟种前,最好先用15~20毫克/升漂白粉或1毫克/升强氯精对池水杀菌消毒,经2天后放入龟种。也可用消特灵1包加水25公斤喷洒池子消毒,第二天放入龟种。

四、过滤

过滤装置主要是用在水泥池中,目的是促进水流循环,使水温维持均衡,利用机械过滤滤除水中的污物杂质,使水质清澈透明,同时具有分解排泄物和毒素的作用。过滤方式主要有 3 种,即机械过滤、生物过滤、化学过滤,过滤器主要选择底部过滤器、上部过滤器、外置过滤器等3 种。滤材主要选择过滤棉、活性炭、生化球、陶瓷圈、树脂等。

五、加温

龟舍的加温设备是为了冬季使用:一是为了不让龟冬眠,加温设备可以提供升高温度并恒定温度在所需要的范围;二是为了保持冬眠期间龟舍的温度控制在 10℃左右,不至于长期低温而导致龟受伤。当然在其他季节里,加温设备也是很有用的,比如在换季时要恒定相对固定的温度,就需要加温设备。在日本采用的加温方式主要有3 种:一是用蒸汽直接加热或锅炉加热,所用能源为电、油和煤气;二是利用太阳能加温,多用流动型温水器,其水温最适宜,成本较低;三是利用温泉和工厂余热。加温养殖是一种集约化(工厂化)养殖,其特点是饲养管理集约化,管理水平较高。可用专门的温度加热和保持系统,保证温室内的温度在 27～29℃的恒温,这种温度控制系统要保证冬季加温、盛夏降温的作用。

而目前我国加温和保温的方法基本上是通过嵌板加

热器和保温灯进行保温的,嵌板式加热器要放在饲养箱的中央,功率为 20～40 瓦特(加热器的大小要根据龟的大小、数量以及饲养箱的大小而定),保证饲养箱内的温度白天不要降到 26℃以下,白天打开嵌板式加热器 3～4 小时就可以了。加热器设在饲养箱中央也有另一个作用,就是为了陆龟容易集中和防止龟重叠时逃出饲养箱外。

从秋天开始就要盖上用透明丙烯树脂板等做的盖子,帮助保温,如果是在冬季,还要借助灯光进行加温。

六、加湿

许多热带龟比如巴西龟需要很高的湿度,在家庭室内养殖时,湿度的保证是非常重要的,加湿的方法很简单,在养龟的容器里放一个装满水的浅底小碗,如果需要特别湿润,就要有加热器,把小碗放在加热器上面。为了给龟提供一个饮水和调节湿度的能力,在放置容水器时,一定要注意使用使龟在受惊时也不能弄翻的结实的容器。

同时用喷雾器往龟身上喷水雾,可一天喷多次。容器底部特制的铺垫物也可以帮助留住水分。最后一次喷水一定要在晚上关灯前几个小时,这样所有水珠才不会留在龟身上太久,而能蒸发掉。

还有一个简便的方法就是用一个浸透了的绿色苔藓放在动物的栖身处,就可以使周围的湿度提升了。

七、照明

陆龟的饲养中,日照(紫外线照)是不可缺少的,许多龟友喜欢使用紫外线灯，但在使用方法上可能存在误区，因为笔者发现许多龟友认为使用越多越好，杀菌作用也越强，这往往会杀死龟，因此在使用紫外灯时一定要小心谨慎，控制使用频率和时间。许多龟友可以用日光灯来替代紫外灯，效果很好，每天使用时间控制在 6～10 小时是比较合适的。

根据研究表明，对龟而言，最好的照明设备还是太阳，在暖和的日子里，可常将龟带到外面去，这时也并不是要将龟放在烈日下暴晒，而是在龟喜欢活动的附近设置遮阴处，创造让龟能自由选择向阳、背阴的环境，这是很重要的。

八、垫材

对于旱龟来说，垫材是必需的设备，可依原有的生态环境来选择，生长在沙漠地带的可以选择沙漠砂；生长在森林地带的可以选择树皮当垫材；也可铺上园艺用的无菌土、报纸或地毯，要注意经常更换以保持洁净，免得病媒滋生。

九、放龟

在放入龟种前，最好先用 15～20 毫克/升漂白粉或 1 毫克/升强氯精对池水杀菌消毒，经 2 天后放入龟种，龟在入池时，用 5％的食盐水溶液浸洗 10 分钟。注意禁用高锰酸钾溶液消毒，高锰酸钾杀伤性很强，浓度稍高，易烧伤龟体。

十、供水

水陆两栖龟和陆龟都离不开水,因此水的供应是非常重要的。

首先是龟舍里放多少水为宜,因饲养龟的种类不同,供水的量也不一样。水深最好以超过龟甲 1.5 倍为宜,以便于龟游泳玩耍。如果你饲养的是还不怎么会游泳的幼龟,以水深到刚刚能浸住龟甲为宜,这样就不用担心龟被淹死。因为龟脚轻轻在水底一点,它的头就能伸出水面呼吸空气。

其次是水温需保持在 23～30℃,这些水除饮用外,还有助于排清体内的废物。有的龟会排便在水盆中,所以要注意随时更换新鲜的水。

再次就是要及时勤换水确保水质干净。

十一、投喂及管理

1. 投喂

在做好以上工作的同时,对养龟而言,最主要的就是投喂工作了,龟的投喂应根据不同食性而采用不同的投喂方法。

对于植物食性的龟,主要投喂蔬菜、水果等,蔬菜以白菜、洋白菜、小油菜、青菜、胡萝卜、西红柿、土豆等,水果以香蕉、苹果、猕猴桃等为主。对于植物饵料要坚持每天都要投喂,一是为龟摄取水分,二是为龟提供热量来源。饲料要新鲜,洗净切碎后投入在食盆中,腐败变质的饲料不能用,应定期在饲料中添加抗菌素和维生素,以增强龟的抵抗力,定时定量投食,日投 3 次。投喂量以龟能在 40 分钟内吃完为宜,吃剩下的饵要及时清理,同时要洗净食器和水盆,顺便扫除粪便等,注意龟舍的清洁。

对于肉食性的龟,牛、猪、羊的肝脏、心脏、舌头等是最好的饵料,最好是喂已经煮熟的饵料。当然国内的龟友还是喜欢投喂肉末、瘦肉、鸡脯肉等,许多龟专家认为这些饵料如果吃得过多的话,容易造成龟体内的脂肪过多,最好不要过多投喂这类饵料。投饵量占龟体重的 5% 左右,以每次半小时吃完为适度。残余的食料和残渣要及时捞净。

对于杂食性的龟,既要投喂新鲜适口的植物性饵料,也要投喂动物性饵料,杂食性龟最喜欢的动物性饵料是小鱼、虾、蚯蚓等活饵,对动物内脏也是非常喜欢的。投饵量以每次半小时吃完为适度。

除了投喂这些现成的饵料外,还要投喂爬行动物专用的配合饲料、干燥饲料,因为这些人工配合饲料中常常会添加并配制好营养平衡的综合营养剂。

2. 换水

水质要符合龟类的养殖标准,要加强龟舍的卫生,定期换水和冲洗龟舍,换水要遵循少量多次的原则,用海绵块将饲养容器擦干净,同时配合使用光合细菌或 EM 原露活菌剂调控水质。

3. 控制温度

家庭养龟要注意温度变化,夏季高温季节在阳台上的龟要遮阳或移入阴凉的室内,庭院养龟池应种一些爬藤植物。深秋要将龟移入室内,保持温度在 10～15℃,保持安静。庭院养龟池加盖保暖物,注意防鼠害。

如养龟数量少,尽可能加温饲养,选用电加热棒、电加热线、红外线灯、白炽灯进行加温,配上自动控温器,温度控制在 25～32℃,用这种方法,龟生长速度快,耗资又少,效果相当好。

4. 每天科学照顾好龟

第一,要给龟喂饲料。第二,要把龟笼放在便于阳光照射的地方,每天都要让龟沐日光浴。第三,每天都要检查龟的健康状况,注意观察龟身体的变化,龟甲是否变软,眼睛是否睁得大大的,脚和脖子是否受伤等,以便尽早发现疾病予以诊治。

5. 保持环境安静

龟有喜静怕惊的生活习性,日常管理工作和投饵要有固定时间,动作要快,时间要短,避免闲杂人员进入温室,整个饲养时间,不要随意移动龟。

6. 冬季饲养

正常生活状态下的龟是需要冬眠的,冬眠前,对龟要进行全身体检,主要是观察粪便、进食、体质状况,对于不健康的龟不能让其冬眠,要加强管理和投喂。为了防止低温对龟的伤害,可用电热器加温,使环境温度保持在22~25℃,正常喂食并用药物治疗。

冬眠的管理很重要,除必要的每周查看外,应尽量少惊动龟,以免龟受惊而影响冬眠的质量。可将健康的龟放置室内朝南处,饲养箱内增加充足的洁净细沙,也可增盖棉垫,环境温度保持在10℃左右,任其自然冬眠。冬眠的后期,由于环境温度不稳定,忽高忽低,有时环境温度虽达19~22℃,龟也进食,但夜晚时温度将下降,易引起龟肠胃不适。所以,昼夜温差不超过6℃时,方可给龟喂食。另外还要注意防止老鼠对冬眠龟的伤害。

十二、庭院养殖

庭院养殖,就是利用房前屋后,阳光充足、安静的庭院空闲杂地建池养龟。这种方式投资少,投产快,生产周期短,见效快,效益好,同时还增加了生活情趣。

十三、塑料保温养殖

保温养殖是在养殖龟池上加盖塑料大棚,用来保温,但不加温。具体做法是将150克左右的幼龟转入盖有塑料大棚的成龟池饲养。通过加盖塑料大棚保温,就可以使春末夏初的养殖时间延长2个月以上,让龟从孵出到养成,有较长时间处于适温范围内,达到快速养殖的目的。

第二节 水族箱饲养水龟

目前我国观赏宠物行业发展较快,水族箱作为一种观赏宠物的养殖载体之一,加上它本身也具有极强的赏析功能,因此成为许多龟友养殖水栖龟类的主要容器。

一、水族箱的选择

水族箱养龟的一个制约因素是:无论箱体的大小,它所容纳的水除了与空气接触的部分外,其他部分都与外界隔离,因此,水族箱中可进行气体交换的面积大小是选择水族箱的重要标准。其他需要考虑的因素是:水族箱的形状、所用的材料、制作工艺和整体外观。

水族箱的选择方法:首先要准确确定水族箱的价格选择范围,龟友可根据自己的经济实力选择;其次是选择合适的水族箱体;再次是选择好美丽耐用的箱架;最后是辅助器材的选择,主要检查加温的性能要良好,温度不能失控,也不能漏电;过滤系统要通畅;照明灯管的功率及款式选择要合理。现在还有一种水陆两用龟箱以及各种各样的适合小朋友养殖的养龟箱也深受小朋友们的喜爱。

二、水族箱的放置

1. 安设水族箱的位置不仅要考虑家居格局和装饰效果,使水族箱既便于观赏又不妨碍其他家具和电器的摆设;若有可能,应将水族箱安置在显眼的位置,但不可妨碍人们的行走或在移动家具时发生偶然的碰撞。

2. 放在没有太阳长期直晒的地方，以免影响水温及加速藻类生长。尽管使用自然光非常有效，但水族箱受到太阳直射时，不仅容易产生水藻，而且还有可能导致箱内水温过分升高。

三、水族箱的基础设施

1. 过滤设施

有效率的过滤设备是保证一个干净、健康、繁荣的水族箱的关键组件。观赏龟在成长过程中，需要吃食和排泄，加上残饵，我们必须在其变为有毒物质前将其清除掉，以保障龟的生命安全。过滤器利用各种各样的构造过程，从而为我们提供了物理过滤、生物过滤和化学过滤3种形式。这3种形式既独立又统一，共同完成整个过滤过程，甚至还可为水体补充被消耗的氧分。现在随着科技的日益发展，许多生产厂家已经开发出了专门进行水质处理和消毒的设备，如综合水质处理器、紫外线水质消毒器等。

过滤器的原理是借发动机使水族箱内的水流经滤材，利用滤材对水族箱内的杂质作物理式的过滤，同时借滤材上附着的硝化细菌对水族箱内有机残渣、毒性氨、亚硝酸盐进行氧化分解，最终达到清洁水质、减少换水次数的目的。市面上有不同类型的水族箱过滤器销售，就效率、费用以及其他因素而言，每种过滤器都有其各自的优点。

目前市售的过滤器品种繁多，按过滤系统在水族箱中安装部位和功能的不同,主要有上部过滤器(又叫缸顶过滤器)、底部过滤器(又叫缸内过滤器)、沉水过滤器、外置式过滤器(又叫缸外桶过滤器)、生物滴流过滤器、泡沫过滤器等,这些过滤器各有优缺点。

2. 温控设施

龟是变温动物,我国四季分明的气候伴随的外界温差是极不利于龟生长的,所以,加热棒是必备的器材。在冬季需靠加热来保持龟生长(不越冬时)的适宜温度,而炎热的盛夏,外界温度又常常在 34℃以上,这时,水族箱就必须借助冷却系统来降低水温,维持恒定的温度。

3. 照明设施

照明的作用是既能让我们清楚地欣赏爱龟,又能给龟儿补充足够的日照,而且有一个自然的日照灯光,也会提高鱼缸里的水温来协助加温。而目前市场上的照明设备品种繁多,不胜枚数,购买时应选择适宜水草生长的照明灯具,如荧光灯、密合式荧光灯、水银灯、金属卤素灯等。

4. 晒背措施

龟是爬行动物,不是鱼,它要从空气里直接吸取氧气,而且要经常让它晒晒太阳,因此在水族箱里设置晒背措施是必须的。

首先是水族箱里的水不宜太深,以水刚没过龟背就可以了,方便龟把头伸出水面呼吸换气时脚能撑到地。

其次是在水族箱内放一块石头、砖块、石片，这是给龟晒背和休息用的，石头的大小要大于龟的 2 倍体积为宜，高度为略高于 3 只龟摞起来，上面要平坦，水族箱内的水面要略低于石头表面。

最后就是可以考虑选用光滑的且相对固定的装饰物来作为龟晒背的设施。

5. 其他的附属设施

沙：是最主要的附属品，它容易获取，易于清洗且不易板结，是水族箱最常用的底质材料。最常用的方法是在底沙中加入较小比例的珊瑚沙，在饲养大部分来自非洲裂谷的种类时使用 10%～20% 的珊瑚沙，要求沙粒细小、均匀。

温度计：有各种不同的样式，从漂浮式到液晶的、内置长片状或非常精确的电子测量式。

换水设备：准备一段直径为 1.25 厘米、长 120～180 厘米的管子虹吸废水，至少有一个活塞用于吸入并输送净水。此类活塞是无毒塑料，仅用于水族箱，必要时可以锁起来。

四、龟的放养

龟的品种：在水族箱中养龟，龟的品种主要是水栖龟类，如乌龟、黄喉拟水龟等。

水族箱的选择：养龟的水族箱大小应以 1.2 米为宜。

放养密度：龟的放养密度以每箱 3～5 只为宜。

五、投饵

每天上、下午各投饵 1 次,上午在 9 时为宜,下午在 4 时为宜,投饵量以下午为主,可占 70%。

六、水族箱的清洗

当水族箱底床过滤砂蓄积过多污物时,会阻碍水的流通性,影响水质过滤效果,此时就需要清洗整个水族箱。对于新设立的水族箱每年只需清洗 1 次,旧水族箱就需要每 4～6 个月清洗 1 次。在清洗前,先将水族箱上层的澄清液抽出来单独放在一起,水族箱底部要保留 7～8 厘米的水位,捞出龟后利用底层水清洗砂和底部过滤板,然后抽出脏水,重新铺好过滤底层,布设好原有器具装饰品。将抽出的水倒回水族箱,未达到水位的部分,用已准备好的水,开启气泵增加溶氧,经过半小时,水变得澄清后放回龟。

第三节　池塘养龟

常温露天池塘养殖龟多采用土池,可单养也可混养,这种方式也很有发展前途。单养就是只养龟,不混养鱼类和其他水生动物。单养的密度介于加温集约化养殖和龟鱼混养之间。

一、池塘选择及修建

池塘养龟是目前国内规模化养殖很重要的一种方式，在南方比较常见。

龟喜静好洁，池塘应选择环境比较幽静、避风、向阳、灌水方便的地方开挖养殖池。一定要建造符合龟类生长要求的龟池，一般水深 1～1.5 米（形状和面积不限，依地势安排），池底坡度为 1∶2 或 1∶3，要设独立的进、出水口系统。池内用约占池面积 1/3 的地方放养浮萍、水花生或水葫芦遮阴，池周围砌 0.5～1 米高的砖石墙，用水泥粉刷平整，并有反檐设施，墙基入土 30 厘米，防龟打洞外逃。墙内留长 1.5 米、宽 1 米左右的空地（面积大可留几个）；或池中留一个占总面积 10%～20% 的小岛，在空地小岛上堆积 20 厘米厚沙土供龟产卵。塘边分别搭建"晒台"和食台，供龟晒背和摄食之用，食台应高出水面 10～20 厘米。产卵场靠池水处筑成一个 45°斜坡，斜坡上最好铺上废旧地毯或泡沫塑料，也可铺木板等软或光滑之物，有利于上岸觅食、活动、产卵。

龟池要求确保水性能好，水源充足，进、排水渠道畅通，提水、增氧、饲料加工机械和用电设备齐全；龟种池和成龟池配套，实现当年开发，当年放养，当年见效。

龟池底质坚硬的，在龟放养前 10 天要铺上 10～15 厘米的细沙或软泥。在龟放养前用生石灰或漂白粉清塘，以杀灭池水和底泥中的有害生物、野杂鱼和病原体，为龟的生存、生长创造一个良好的生态环境。

二、清塘方法

池塘养殖龟时,也需要对池塘进行清塘消毒,和一般水产养殖的池塘消毒措施是一样的,养龟池塘的消毒方法主要也是用生石灰和漂白粉消毒。

1. 生石灰清塘

生石灰清塘可分干法清塘和带水清塘两种方法。

干法消毒:在龟放养前 1 个月左右,先将池水基本排干,保留水深 10 厘米,在池底四周选几个点,挖个小坑,将生石灰倒入小坑内,用量为每平方米 100 克左右,注水溶化,待石灰化成石灰浆水后,不待冷却即用水瓢将石灰浆趁热向四周均匀泼洒,第二天再用铁耙将池底淤泥耙动一下,使石灰浆和淤泥充分混合。然后再经 5～7 天晒塘后,经试水确认无毒,灌入新水,即可投放种苗。

带水清塘:每亩水面水深 0.5 米时,用生石灰 75 公斤溶于水中后,一般是将生石灰放入大木盆等容器中化开成石灰浆,将石灰浆全池均匀泼洒,能彻底地杀死病害。

2. 漂白粉清塘

带水消毒:在水深 0.5 米时,漂白粉的用量为每亩用 10 公斤,先用木桶或瓷盆内加水将漂白粉完全溶化后,全池均匀泼洒在池水里,就可以了。

干法消毒:用量为每亩用 5 公斤,使用时先用木桶加水将漂白粉完全溶化后,全池均匀泼洒在池底的底泥表面即可。

3. 生石灰、漂白粉交替清塘

有时为了提高效果，降低成本，就采用生石灰、漂白粉交替清塘的方法，比单独使用漂白粉或生石灰清塘效果好。也分为带水消毒和干法消毒两种，带水清塘，水深 0.5 米时，每亩用生石灰 30 公斤加漂白粉 3 公斤。干法清塘，水深在 10 厘米左右，每亩用生石灰 8 公斤加漂白粉 1 公斤，化水后趁热全池泼洒。

三、防逃设施

龟是善于爬行的，因此做好防逃工作是至关重要的，不可放松。防逃设施有多种，常用的有 3 种，一是安插高 45 厘米的硬质钙塑板作为防逃板，埋入田埂泥土中约 15 厘米，每隔 100 厘米处用一木桩固定。注意四角应做成弧形，防止龟沿夹角攀爬外逃；第二种防逃设施是采用麻布网片或尼龙网片或有机纱窗和硬质塑料薄膜共同防逃，用高 50 厘米的有机纱窗围在池埂四周，用质量好的直径为 4～5 毫米的聚乙烯绳作为上纲，缝在网布的上缘，缝制时纲绳必须拉紧，针线从纲绳中穿过。然后选取长度为 1.5～1.8 米木桩或毛竹，削掉毛刺，打入泥土中的一端削成锥形，或锯成斜口，沿池埂将桩打入土中 50～60 厘米，桩间距 3 米左右，并使桩与桩之间呈直线排列，池塘拐角处呈圆弧形。将网的上纲固定在木桩上，使网高保持不低于 40 厘米，然后在网上部距顶端 10 厘米处再缝上一条宽

40厘米的硬质塑料薄膜即可,针线拉紧。当龟攀爬到顶端时,它就无法继续向上爬,这时可能就爬到塑料薄膜上,在龟自身重力的作用下,它就会掉在养殖池内,就不会逃出去了;第三种方法就是用砖砌成45厘米高的墙,在墙的顶端做成反檐,内墙用水泥抹平,减少龟攀爬的机会。

四、龟种的放养

1. 龟种的来源

龟苗的来源,主要是两个方面,即从专业户批量购买的小龟苗和从市场购买的大龟苗和成龟。首先应分级暂养,按大小分别寄养于塘角或分格的小塘里,待10～15天适应新环境后,放入养殖塘;市场上买来的受伤小龟苗和成龟,要单独饲养到伤愈后再投放。

2. 放养规格和密度

根据龟池的生态环境,确定合理的放养密度和各种龟的搭配比例。根据一些养殖场的生产实践表明,150克以上的龟每亩放养700～1000只,50～150克的龟亩放养1300～2000只,放养少了导致效益差,多了技术难以跟上。由于稚龟对环境的适应能力不足,对自身的保护能力也不足,因此建议个体太小的稚龟和50克以下的幼龟最好不作为池塘养殖对象。

3. 放养技巧

龟在放养要做好以下几点工作：一是龟种质量要保证，即放养的龟要求体质健壮、无病、无伤、无寄生虫附着，最好达到一定规格，确保能按时长到上市规格的优质龟种。二是做到适时放养。根据龟的生活特性，龟种放养一般在晚秋或早春，水温达到 10～12℃时放养。三是合理放养密度，根据龟池的生态环境，确定合理的放养密度和各种龟的搭配比例。四是实行多品种、多规格养殖一次放足，多次捕捞，常年上市，以充分利用水体。五是放养前要注意消毒，可用 5％的食盐水溶液消毒 10 分钟后再放入池塘中。

五、日常管理

池塘养龟时一定要加强日常管理，主要是做好以下几项工作：

一是科学投喂，根据龟的生长情况，及时调整日投饵量，投饵时要坚持"四定"原则，即定时、定量、定质、定位。饲料以动物性饲料为主，如鱼虾、螺蚌、蚯蚓、蝇蛆、蚕蛹、水生昆虫、牲畜内脏等，辅以麸皮、玉米粉、豆渣及少量瓜类。饵料数量为龟总重的 5％～8％，稚龟要投喂红虫、小虾和煮熟捣烂的鸡蛋。

二是保持成龟养殖池的水质良好和稳定，这是一项复杂、细致的工作，是集约化饲养龟稳产、高产的基本保障。因此要适时调节水质，根据天气、水温、龟的生长情况及时灌注新水或泼洒药物或用光合细菌来调节水质。一般情况下,在水质过肥和黎明时容易缺氧,应及时注入新水或开动增氧机增氧。每隔 10～15 天加施生石灰(10～15 毫克/升)或漂白粉 1～2 毫克/升,以保持水质清新,溶氧充足,肥度适中。

三是加强防病治病工作,根据龟疾病发生规律,适时泼洒防病药物和投喂药饵,以预防疾病的发生和蔓延,龟种入池后,养龟的工具和饵料台严格消毒,防止龟疾病发生。一旦发病,病龟要单独喂养,用磺胺类药物拌饵投喂;成龟还可注射抗生素;搭好晒台让龟经常"晒背",借助"日光浴",使龟背上附着的污秽晒枯而脱落。

四是做好冬眠工作,龟属变温动物,对环境温度变化特别敏感,当水温低于 12℃时,即 11 月左右,龟会沉入水底,蛰伏于泥沙中,进入"冬眠",次年 4 月,水温高于 15℃时,恢复活力。要根据各地具体情况,缩短"冬眠期"。

第四节　龟、鱼混养

一、混养优点

龟、鱼混养符合生态原理,是一种综合的养殖方式。龟、鱼混养的优点较多,适宜推广,一是龟是两栖性,即可生活在陆地上,也可生活在水中,即使生活在水中,也大多潜居水底,有时也上岸晒壳、摄食、活动,因此龟与鱼类混养可以有效提高水体利用率,充分利用池埂场所。二是由于龟的上下频繁活动,促进了上下水层的对流,防止水体温度分层和底部溶氧不足。三是龟的爬行,可加速池底有机物分解,降低了有机物耗氧量,减轻"泛池"死鱼的危害,同时为浮游植物的繁殖提供了营养物质。四是龟、鱼混养,鱼类不仅可以直接摄食龟的残饵及粪便,还能吃掉行动缓慢的伤病鱼和死鱼,起到防止病原体扩散和减少鱼病发生的作用。

试验表明,在混养鱼类密度达 0.87 公斤/平方米和龟密度达 0.5 公斤/平方米时,不需要另外设置增氧设备,龟、鱼仍能正常生长。各地的生产实践证明,鱼、龟混养的经济效益显著,投入产出比达 1∶(1.5～2)。

二、亲鱼塘混养龟

池塘混养是我国池塘养殖的特色,也是提高池塘水生经济动物产量的重要措施之一,混养可以合理利用饲料和水体,发挥养殖龟、鱼、虾类之间的互利作用,降低养殖成本,提高养殖产量。亲鱼塘一般具有面积大、池水深、水质较好和放养密度相对较低等特点,在充分利用有效水体和不影响亲鱼生长的情况下,适当混养龟,既可消灭池中小杂鱼,又可增加经济收入。

1. 混养池塘环境要求

池塘大小、位置、面积等条件应随主养鱼类而定,池底硬土质,无淤泥,池壁必须有坡度,且坡度要大于 3∶1。亲鱼池塘要选择水源充足、水质良好,水深为 1.5 米以上的成鱼养殖池塘。

池塘必须是无污染的江、河、湖、库等大水体地表水作水源,池中的浮游动物、底栖动物、小鱼、小虾等天然饲料丰富。池塘的防逃设施也要做好,可用钙塑板进行防逃,也可用玻璃做成防逃设备。

池塘要有良好的排灌系统,一端上部进水,另一端池底部排水,进排水口都要有防敌害、防逃网罩。

池塘底部应有约 1/5 底面积的沉水植物区,并有足够的人工隐蔽物,如废轮胎、网片、PVC 管、废瓦缸、竹排等。

2. 放养时间

龟的放养时间一般是在 4 月初进行,太迟和太早都对生长不利,亲鱼的放养是按照亲鱼的培育要求来放养的,一般是在亲鱼池里套养龟。

3. 放养数量

在以鲢鱼或鳙鱼为主养鱼的亲鱼池,每亩放养龟 150 只,规格为 50~100 克/只。若是以后备亲鱼为主的池塘,可在 6 月底至 7 月初每亩投放草鱼、夏花鱼种 600 尾。

4. 防逃设施

具体的防逃设施和前文是一样的,不再赘述。

5. 饲料投喂

根据放养量池塘本身的资源条件来看,一般不需对龟进行专门投饵，混养的龟以池塘中的野杂鱼和其他主养鱼吃剩的饲料为食，如发现鱼塘中确实饵料不足可适当投喂。只需按常规亲鱼的培育进行投饵管理。

6. 日常管理

首先是每天坚持早、晚各巡塘 1 次，早上观察有无鱼浮头现象，如浮头过久，应适时加注新水或开动增氧机，下午检查鱼吃食情况，以确定次日投饵量。另外，酷热季节，天气突变时，应加强夜间巡塘，防止意外。

其次是适时注水，改善水质，一般 15～20 天加注新水 1 次。天气干旱时，应增加注水次数，如果鱼塘载体量高，必须配备增氧机，并科学使用增氧机。

再次是定期检查鱼生长情况，如发现生长缓慢，则须加强投喂。

最后就是做好病害防治工作，龟下塘前要用 3‰的食盐水浸浴 10 分钟。

三、鱼种池混养龟

鱼种池具有面积不大、池水较深、水质较好等特点，在充分利用有效水体和不影响鱼种生长的情况下，适当混养龟，既可消灭池中小杂鱼，又可增加经济收入。

1. 池塘条件

池塘要选择水源充足、水质良好，水深为 1.5～2 米的鱼种养殖池塘，其他的条件和鱼种池的要求是一样的。

2. 放养时间

龟的放养时间一般在 4 月左右进行,鱼苗放养则在 5 月下旬 6 月中旬为宜。

3. 放养数量

鱼种池每亩放养龟 180 只,规格为 50～100 克/只。每亩投放草鱼、鲢鱼、鳙鱼的水花 2 万尾、夏花鱼种各 800 尾,要求所有的品种要一次性放足。

4. 防逃设施

具体的防逃设施和前文是一样的,不再赘述。

5. 饲料投喂

投放鱼种以后,投喂主要按培育鱼苗、鱼种的方法,只是在每天傍晚对龟投喂 1 次,对龟的日投喂量以池塘存虾总量的 3‰～5‰加减。

6. 日常管理

首先是每天坚持早、晚各巡塘 1 次,酷热季节,天气突变时,应加强夜间巡塘,防止意外。

其次是适时注水,改善水质,一般 15～20 天加注新水 1 次,天气干旱时,应增加注水次数。

再次是定期检查鱼和龟的生长情况,如发现生长缓慢,则须加强投喂。

最后就是做好病害防治工作,龟种、鱼种下塘前要用3%的食盐水浸浴10分钟。

四、主养草鱼的成鱼池混养龟

在对水产品品质要求越来越高的今天,草鱼混养龟的模式不但提高了品质,符合了市场的需求,还降低了养殖风险,着实是一种增加经济效益的好办法。

1. 池塘条件

池塘要选择水源充足、水质良好,水深为1.8~2.5米的成鱼养殖池塘,草鱼是主养品种,因此要求池塘最好要深一点,以适应草鱼的生长需求。

2. 放养时间

龟的放养时间一般在4月份左右进行。草鱼种放养则在3月中旬为宜。

3. 放养数量

成鱼池每亩放养龟20~30只,规格为75~100克/只。每亩投放规格为1000克的草鱼400尾,兼养少量的鲢、鳙鱼,实行轮捕轮放,两年可以清理1次塘。

4. 防逃设施

具体的防逃设施和前文是一样的,不再赘述。

5. 饲料投喂

混养龟不投喂饲料,降低了成本。由于主养品种是草鱼,饲料只用草鱼饲料,龟根本不喂饲料。这样做的好处就是使龟的养殖成本非常低,甚至只有种苗成本。利用冬闲田种植黑麦草,为草鱼在冬季提供了丰富的低成本饵料,草鱼只在没有黑麦草可用的时候才喂配合饲料,这样节省了一大笔饲料开支。

6. 日常管理

首先是每天坚持早、晚各巡塘 1 次,酷热季节,天气突变时,应加强夜间巡塘,防止意外。

其次是适时注水,改善水质,一般 15～20 天加注新水 1 次,天气干旱时,应增加注水次数。

再次是定期检查草鱼和龟的生长情况,如发现生长缓慢,则须加强投喂。

最后就是做好病害防治工作,龟种、草鱼种下塘前要用 3% 的食盐水浸浴 10 分钟。

7. 养殖效益

首先是龟的生长速度快,因为放养的龟密度比较稀疏,龟苗养到 450 克左右的上市规格只需 1 年的时间就足够。

其次是草鱼的效益也高,草鱼亩产达 500～600 公斤。

再次就是生态效益好,因为龟的密度低,基本不会发生病害,也就不存在药物成本了,没有了病害,成活率也就非常高,这是增加效益的关键点。

最后就是销售价格高也是混养的另一大优势。由于混养的龟不喂饲料及使用任何药物,是一种仿生态的养殖方式,品质好,销售价格也相当高。

第五节 龟、鱼、蚌的混养

一、池塘条件

可利用原有龙虾池、甲鱼池或蟹池,也可利用普通的养鱼塘加以改造。池塘要水源充足、水质良好,水深为 1.8 米以上。

二、准备工作

1. 清整池塘

利用冬闲季节,将池塘中过多淤泥清出,干塘冻晒。加固塘埂,使池塘能保持水深达到 1.8 米以上。消毒清淤后,每亩用生石灰 75～100 公斤化浆全池泼洒,以杀灭黑鱼等敌害。

2. 进水

在龟种、蚌苗或鱼种投放前 20 天即可进水,水深达到 50～60 厘米。进水时可用 60 目筛绢布严格过滤。

3. 种草

混合养殖龟的池塘,要求水草分布均匀,种类搭配适当,沉水性、浮水性、挺水性水草要合理,水草种植最大面积不超过 1/4,其中沉水处种沉水植物及一部分浮叶植物,浅水区为挺水植物。先将池塘降水至适宜水位,将蒲草、芦苇、茭白、慈姑等连根挖起,最好带上部分原池中的泥土,移栽前要去掉伤叶及纤细劣质的秧苗,移栽位置可在池边的浅滩处或者池中的小高地上,要求秧苗根部入水在 10～20 厘米之间,进水后,整个植株不能长期浸泡在水中,密度为每亩 45 棵左右。

三、防逃设施

具体的防逃设施和前文是一样的,不再赘述。

四、苗种放养

河蚌和鱼放养时间宜在 4 月 1 日前后,河蚌幼苗 250 公斤。每亩放养龟 50 只,规格为龟 50～80 克/只。每亩投放规格为 100 克的鲫鱼 500 尾,兼养少量的鲢鱼、鳙鱼各 100 尾。

五、饲料投喂

在这个养殖模式中,主要是投喂鱼的饲料,龟的饲料基本上是不需要单独投喂的,它可以利用水域中的野杂鱼和水域中培育的饵料鱼,在养殖后期可以剖杀河蚌供龟摄食。

鱼饵的投喂量是根据鱼体重来计算的,每日投喂 2～3 次,投饵率一般掌握在 5％～8％,具体视水温、水质、天气变化等情况调整。另外河蚌在繁殖时产出的幼蚌可供龟提供充足的动物性天然饵料,三者饲养各取所需,可以起到养殖大丰收的效果。

六、日常管理

水质管理:水质要保持清新,时常注入新水,使水质保持高溶氧。池塘前期水温较低时,水宜浅,水深可保持在 50 厘米,使水温快速提高,促进龟生长。随着水温升高,水深应逐渐加深至 1.5 米,底部形成相对低温层。

施肥:水草生长期间或缺磷的水域,应每隔 10 天左右施 1 次磷肥,每次每亩 1.5 公斤,以促进水生动物和水草的生长。

巡塘:每日巡塘,主要是检查水质、观察龟摄食情况和池中的鱼数量,及时调整投喂量;大风大雨过后及时检查防逃设施,如有破损及时修补,如有蛙、蛇等敌害及时清除。大水面要防逃、防漏洞。

病害防治:重视生态防病,如果发病,用药要注意兼顾龟、鱼、河蚌对药物的敏感性。

第六节 龟、鱼、福寿螺混养

一、池塘改造

应选择在水源充足、水质良好的地方建池,如果常年有流水那就更好了,可以利用养鱼塘加以改造,也可以利用原有龙虾池、养鳖池或蟹池进行改造,如果都没有现成的池塘,那就要自己建设新的养殖池。

池塘的四周可用砖块砌成 1 米高的防逃墙,也可用硬质钙塑板或玻璃做成防逃设施。要求进排水方便,池塘面积的大小、形状和方向可根据养殖规模而自行确定,在池塘对角处设置进排水口,都要装好防逃设施。

根据龟喜阴怕热怕冷、喜静怕乱、喜洁怕脏的生态习性,可在所养殖的池塘中设置用砖头砌成的暗洞或假山数座,靠近假山的地方安装 60 瓦特的黑光灯数只,可采取高低不同的搭配方式,以引诱远处的蛾虫给龟、鱼捕食。保持池塘的水深在 1.5 米以上。

二、准备工作

1. 清整池塘

对于陈年鱼池,可利用冬闲季节,将池塘中过多淤泥清出,干塘冻晒。加固塘埂,使池塘能保持水深达到 1.5 米以上。消毒清淤后,每亩用生石灰 75～100 公斤化浆全池泼洒，以杀灭黑鱼等敌害。对于新建的鱼池，也要进行池埂的检查和测试，看看有没有可能漏水的地方，涵管是否配套牢固，最好也要先灌水 20 厘米左右，对新建池塘的底质进行熟化处理。

2. 进水

在龟种或鱼种投放前 20 天即可进水，水深达到 50～60 厘米。进水时可用 60 目筛绢布严格过滤。

3. 种草

由于福寿螺是以草食性为主的杂食动物，因此在池塘里种植水草是必须的，另外水草也是龟、鱼栖息和觅食的好地方。为了兼顾三者的习性，要求池塘里种植的水草分布均匀，种类搭配适当，沉水性、浮水性、挺水性水草要合理，水草种植最大面积不超过 1/4。在池塘中间水位较深的地方种植沉水植物及一部分浮叶植物，浅水区种植挺水植物。

三、龟种放养

龟种质量的好坏，是池塘养龟成败的关键措施之一，因此马虎不得。优质的龟种应该身体健康、无病无伤、四肢粗壮有力、颈项伸缩自如、反应灵敏活泼、背甲和腹甲有明显的光泽等。

适宜混养的龟有乌龟、草龟、中华花龟、红耳彩龟等食性杂且适应性强的龟种。放养密度根据龟的大小不同而有差别,每亩的放养量为:一龄龟为 200～250 只,二龄龟 80～100 只,三龄龟 30～50 只。

四、鱼种的放养

在混养中,应以鲢鱼、鳙鱼为主,适当搭配草食性和杂食性鱼类,放养时间宜在 4 月 1 日前后,鲢鱼、鳙鱼种规格为 250 克/尾。

五、福寿螺的放养与培育

福寿螺的繁殖率很高,生长速度很快,产量也很高,是龟的优良饵料,在这三者的混养中,放养的福寿螺除了部分上市获利外,其他都是给龟吃的,一方面龟可以捕食幼小的福寿螺,而对于大一点的福寿螺,可以捕捉后敲碎给龟吃。因此池塘中放养的福寿螺是很重要的,放养的密度是每亩 20 公斤。

福寿螺在交配后,很快就可以产卵,产出的受精卵是相互黏在一起成为卵块,每个卵块大约有卵粒 2000 粒,一个雌卵可连续产出卵块十几个。卵在孵化后就是小螺,可以供龟捕食了。

六、科学投喂

在这个混养模式中,投饵的重点是福寿螺,其次是龟。福寿螺除了可利用水体中的水草外,还可以直接投喂给其他草料,以促进福寿螺的繁育。龟的饵料来源有两个,一个是利用黑光灯来诱集蛾虫供龟吃,另一个就是靠人工养殖的福寿螺给龟吃。鱼是不需要投饵的,龟和螺的排泄物可以肥水,培养饵料生物供鱼吃食。

七、日常管理

1. 水质管理

水质要保持清新,时常注入新水,使水质保持高溶氧。池塘前期水温较低时,水宜浅,水深可保持在 50 厘米,使水温快速提高,促进龟的生长。随着水温升高,水深应逐渐加深至 1.5 米。

2. 施肥

水草生长期间或缺磷的水域,应每隔 10 天左右施 1 次磷肥,每次每亩 1.5 公斤,以促进水生动物和水草的生长。

3. 巡塘

每日巡塘,主要是检查水质、观察龟摄食情况和池中的鱼数量,及时调整投喂量;大风大雨过后及时检查防逃设施,如有破损及时修补,如有蛙、蛇等敌害及时清除。大水面要防逃、防漏洞。

第七节　龟、鱼、螺、鳅套养

龟大多喜欢潜居在水底,钻入泥中,或者上岸晒甲、活动,使养龟池的大量空间处于闲置状态。因此可利用龟池这种水体空间,在里面进行适当的龟、鱼、螺、鳅套养,对控制龟的疾病,降低龟饵料的投放,降低养殖成本,增加收入是一条非常好的途径。

一、清塘消毒

在龟、鱼、螺、鳅入养前,饲养池要进行一次彻底的消毒,清塘消毒的药物主要是生石灰、漂白粉、茶枯等,具体的使用方法与前文是一样的。

二、池塘建设

这种套养模式是以养龟为主,养殖鱼、螺、鳅为辅的,因此养殖池应严格按照养龟池要求设计建设。龟池的水位可维持在 80 厘米左右,当然了,一般的鱼塘也可改造成龟、鱼、鳅混养池,但因龟有爬墙凿洞逃逸的习性,泥鳅有非常强的逃逸能力,因此应在池塘四周筑起防逃墙,在进出水口用密网拦好,防止敌害和有害生物侵入。还要根据需要,修建饵料台、休息场及亲龟产卵场。

三、品种选择

龟类以七彩龟、黄喉水龟、草龟为好,鱼类以温水性非肉食性鱼类为主,如鲢鱼、鳙鱼、草鱼、鳊鱼等,可充分利用水中的浮游生物。螺类以福寿螺和中华圆田螺为好,它们取食龟、鱼、鳅的粪便及有机碎屑,泥鳅以从稻田水沟野外捕捉的黄鳅为好,如果是自己培育的就更好了,由于泥鳅喜食池中杂草及寄生虫,是水底清洁工,同时,仔螺、幼鳅又是龟类最好的饵料。

四、龟、鱼、螺、鳅的放养

幼龟每平方米 4～6 只，成龟 2～4 只，幼龟池可放养 5 厘米左右的小规格鱼种，用以培育大规格鱼种。成龟池和亲龟池则放养长 15 厘米左右的大规格鱼种，以养成商品鱼。田螺为每 100 平方米 25 公斤，泥鳅每 100 平方米 5 公斤左右。每亩投放规格为 100 克的鲫鱼 150 尾，兼养少量的鲢鱼、鳙鱼各 50 尾。

五、科学投喂

这种套养方式的饲料投喂是以龟的投喂为主，在满足龟饲料的情况下，适当投喂一些鱼类饲料，如瓜、果、菜叶等，在水中也可养些水浮莲等植物，既可净化水质，又可供螺鳅食之。

龟和泥鳅一样，也是杂食性的，动物饲料包括猪肉、小鱼虾、牛肉、羊肉、猪肝、家禽内脏、蚯蚓、血虫、面包虫，植物性饲料包括菠菜、芹菜、莴笋、瓜、果等。还有一种就是大规模养殖时用的人工混合饵料，这是人工配制的，具有营养全面、使用方便的优点，像专用龟增色饲料、颗粒状饲料等。另外，由于螺鳅类繁殖的仔螺、幼鳅又是龟最好的食物之一，因此龟的投饵要根据套养池内的天然饵料而定，投喂方法也要遵循"四定"的原则进行。

六、日常管理

一是加强巡塘,防敌害,防逃、防盗,观察龟、鱼、螺、鳅活动情况,发现问题,及时处理。

二是管理以龟为主,在亲龟产卵季节,应尽量减少拉网次数,以免影响交配产卵,减少产卵量,给养龟造成经济损失。

三是鱼类的饲养管理与池塘养鱼方法一样,龟、鱼、鳅类混养的池塘,也要通过加强管理,为鱼和鳅创造良好环境。

四是在气候异常时,尤其在闷热天气时,可能会发生龟类不适而减少活动量,鱼类会出现浮头现象,严重时可造成泛塘死亡,泥鳅上蹿下跳,到处翻滚,而螺会大量地贴在池边。为防止这些事故的发生,养殖者在气候异常时,应及时加注新水,平时少量多次追肥,维持水体适宜肥度,注意宁少勿多,保持水体的清洁度。

第八节　乌龟、田螺、蚯蚓混养

田螺含有丰富的蛋白质,是乌龟的好食料,用它和蚯蚓搭配来养乌龟可大大降低成本,提高经济效益。和福寿螺的鱼、螺、龟混养的原理一样,采取田螺、蚯蚓与乌龟同池养殖,不但解决了乌龟的饲料,降低了成本,节约大量人工喂料的劳力,而且使乌龟在模拟的自然环境中自由采食,生长快,乌龟特有的风味又得以保持。而养殖好的成螺,一部分可以直接上市获利,另一部分可以直接敲碎用来投喂乌龟,可以有效地解决乌龟的动物性饲料,降低养殖成本。这种养殖方式充分发挥了水体的空间,科学运用了食物的生物链,是一种池塘立体养殖的典范。

一、饲养池选择

可利用原有鱼池、龟池、龙虾池、鳖池或蟹池,池塘要水源充足、水质良好,水深为 1.8 米以上,在饲养池内创造一个有利于乌龟、田螺越冬和栖息的条件,一般是地底铺一层 30 厘米厚的淤泥,地面养些藻类、浮萍等。池边四周应种水浮莲、蒲草、芦苇、茭白、慈姑,以利于乌龟和田螺食用和遮阴,同时养殖池里最好有一定的缓坡供乌龟和田螺活动。

二、准备工作

一是利用冬闲季节,将池塘中过多淤泥清出,干塘冻晒。加固塘埂,使池塘能保持水深达到 1.8 米以上。消毒清淤后,每亩用生石灰 75～100 公斤化浆全池泼洒,以杀灭黑鱼等敌害。

二是采用农家肥进行水体的培肥,水质的水色为淡绿色,透明度为 30 厘米以上为宜,若透明度低,应及时换水。

三是做好防逃设施,养殖池的进、出水口要比常规养鱼池建低些,以方便换水。在进、出水口,必须用铁丝网或塑料网拦住,以防龟、螺逃跑。另外由于乌龟是爬行动物,它的逃跑能力和鳖是一样的,因此养殖池的防逃设施不可不建,具体的方法同前文。

三、苗种放养

田螺的放养时间是在 5 月中旬左右,龟的放养是在冬季或春季。田螺繁殖能力较强,一般 1 只田螺年平均繁殖幼螺 120～150 只,20 只田螺产仔可供 1 只乌龟自由采食用。因此幼螺每亩放养 1.5 万只,在养殖过程中会不断地被乌龟吃掉一部分,自动就会降低池塘里的密度了。每亩放养乌龟 250 只,规格为 150～200 克/只。为了满足乌龟的饲料需求,还可加 40% 左右其他饲料,其中养殖蚯蚓就是补充饲料的一个好办法。

四、蚯蚓的放养与饲养

养殖蚯蚓可用箱、桶、盆、盘、浅池及地面堆料等,也可直接在池塘边上建池养殖蚯蚓。地面堆料是在养殖池边的滩地上,平铺 10 厘米厚,经充分发酵腐熟的牛粪或鸡粪。以每平方米投入 4000 条种蚯蚓,每 15～20 天加料 1 次,饲料是腐熟的牛、猪、鸡粪、作物秸秆、树叶、杂草以及适量的烂瓜果、香蕉皮,水果皮、菜叶等,蚯蚓 4～6 个月的繁殖量是自身的 10 倍,养 1 平方米蚯蚓能解决 5 只龟的饲料。

五、饲料投喂

在进行三者混养时,在投喂时主要以投喂田螺的饲料为主,田螺的食性很杂,几乎所有的绿色植物它都吃,每天将一些青草、水草、杂草、蔬菜、瓜果皮、水花生、水浮莲、萍类等按"四定"原则投喂给田螺。发育生长的小田螺就成了乌龟的美餐，只要管理得当，田螺和蚯蚓就能满足乌龟的饲料需求，就不需要投喂其他的饲料了。蚯蚓的投喂可几天1次，也是用菜叶、青草及果皮等就能满足它们的饲料需求了。这样，用菜叶、青草等青饲料，通过田螺和蚯蚓的繁育，就转化为乌龟所需的动物性饲料，可大大节约乌龟饲料开支，降低乌龟饲养成本。

六、日常管理

1. 水质管理

水质要保持清新，时常注入新水，使水质保持高溶氧。池塘前期水温较低时，水宜浅，水深可保持在50厘米，使水温快速提高，促进乌龟的生长和田螺的生长与繁育。随着水温升高，水深应逐渐加深至1.5米，底部形成相对低温层，保证乌龟和螺能顺利度夏。

2. 巡塘

每日巡塘，主要是检查水质、观察乌龟摄食情况和池中的田螺数量，及时调整投喂量；大风大雨过后及时检查防逃设施，如有破损及时修补，如有蛙、蛇等敌害及时清除。大水面要防逃、防漏洞。

第九节 青虾和龟的混养

一、互补效应

龟和青虾套养,不仅可以增收增效,还可以改善龟池生态环境,促进龟和青虾的生长。龟在人工投饵正常的情况下,是不吃青虾的,加上它的行动也很缓慢,也吃不到行动更活泼的青虾,它只能吃到那些体弱有病的青虾,从而为控制虾病的蔓延起到一定的作用。另一方面,青虾可以吃食、清理龟的残饵而起到净化水质的作用,所以在混养时两者的效益都不错,青虾的产量高、规格大、质量也好,而龟的生长速度和效益也得到提升。

二、池塘改造

面积以 10 亩左右,水深 1.2 米左右。清池前将水排至仅剩 10~20 厘米。可用生石灰、茶子饼、鱼滕精或漂白粉进行消毒,将它们化水后均匀洒于池面、洞穴中。

三、做好防逃设施

池塘四周要有 2 道坚固的防逃设施,第一道用铁丝网及聚乙烯网围住,第二道安装塑料薄膜。

四、培养饵料生物

为解决龟和青虾的部分生物饵料,促其快速生长,清

139

池后进水 50 厘米,施肥繁殖饵料生物。无机肥按氮磷比投放,在 1 个月内每隔 5 天施 1 次,具体视水色情况而定,有机肥每亩施鸡粪 35～50 公斤。使池水呈黄绿色或浅褐色,透明度 30～50 厘米为宜。

五、投放水草

配备良好的池塘生态环境,大量种植水草,品种应多种多样,如伊乐藻、苦草、黄草等,使水草覆盖率占养殖水面的 2/3 以上,有一些养殖户投放水花生,效果也很好,他们在池塘一角放养一定数量的水花生,占池塘面积的 5%～10%。放养水花生有以下好处:一是水花生可供青虾栖居蜕壳;二是可吸引一些水生生物来到此处,从而为龟提供摄食的机会。

六、苗种投放

在 4 月份每亩放养龟 150～200 只,规格为 50～80 克/只。3 月份放养 800～1200 只/公斤青虾苗 3～4 公斤,5～6 月份陆续起捕上市,可亩产青虾 15 公斤。另外每亩投放规格为 100 克的鲫鱼 200 尾,兼养少量的鲢鱼、鳙鱼各 100 尾。

七、饵料投喂

龟池套养青虾时,以投喂龟的饵料为主,使用高品质的龟专用颗粒饲料,采用“四看、四定”,确定投饵量,生长旺季投饵量可占龟体重的 5%～8%,其他季节投饵量为

3％～5％,每天投饵量要根据当天水温和上一天摄食情况酌情增减,定点投喂在岸边和浅水区,投喂时间定在每天傍晚时分。

由于青虾摄食能力比龟弱,它可以吃龟剩余饵料,清扫残饵,一方面防止败坏水质,另一方面可有效地利用饵料,不需要另外单独投喂饵料。当然了,套养的部分青虾本身还是可以作为龟饵料的。

八、饲养管理

一是防止缺氧,青虾对池水缺氧十分敏感,因此在高温季节,每隔1周左右应注水1次,使水质保持"肥、活、爽"。

二是做好水质控制和调节,春季水位0.6～0.8米,夏秋季1.0～1.5米,春季每月换水1次,夏秋季每周换水1次,每次换水2/5,换水温差不超过3℃。每半个月每亩用生石灰20斤调节水质,增加水中钙离子,满足青虾脱壳需要。

三是做好疾病防治工作,在养殖期间从6月份开始每月用0.3毫克/升强氯精全池泼洒1次。

第十节　龟、蟹混养

根据龟、鱼混养的原理,我市的几位河蟹养殖户在蟹池里进行了龟、蟹混养的试验,效果很好,方法同龟、鱼混养,不同的仅仅是防逃设施更加牢固。

一、做好池塘建设

主要是做好防逃设施，可用砖块砌墙，上设反檐设施，墙基部要入土 30 厘米左右，以防龟挖洞外逃，也是为了防止河蟹攀爬逃逸。

二、放养密度和规格

龟、河蟹混养时，放养密度和规格是很重要的，根据一些养殖场的生产实践表明，150 克以上的龟每亩放养700～1000 只，50～150 克的龟每亩放养 1300～2000 只。鱼种放养也有讲究，鲢鱼占 50％～60％，鳙鱼占 10％～15％，草鱼、鳊鱼占 20％，鲤鱼、鲫鱼占 5％～10％，在规格上要求鲢、鳙鱼种 15～20 厘米，草鱼、鲤鱼 10～15 厘米，每亩的总放养量控制在 800～1000 尾。河蟹以放养扣蟹为主，一般在 3 个月前一次性投足扣蟹，放养的蟹种要求规格整齐、平均规格达 120 只/公斤，体质健壮、无病无伤，每亩投放苗种密度为 400 只/亩。放养前用药物进行蟹体药浴消毒，一般可用 5％的食盐水溶液浸洗 5 分钟或用 15 毫克/升的甲醛溶液浸洗 15 分钟后再下池。

由于稚龟对环境的适应能力不足，对自身的保护能力也不足，因此建议个体太小的稚龟和 50 克以下的幼龟最好不作为混养对象。

三、种植水草

为了改善水质，给龟、蟹提供良好的栖息环境，可在池边种植或移植一些水草,如水花生、水葫芦等。

在水草多的池塘养殖河蟹的成活率就非常高。水草是龟和河蟹隐蔽、栖息的地方,也是河蟹蜕壳生长的理想场所,水草也能净化水质,减低水体的肥度,对提高水体透明度、促使水环境清新有重要作用。同时,在养殖过程中,有可能发生投喂饲料不足的情况,由于河蟹和龟都会摄食部分水草,因此水草也可作为河蟹和龟的补充饲料。

水草的种植可根据不同情况而有一定差异:一是沿池四周浅水处 10%～20%面积种植水草;二是在池塘中央可提前栽培伊乐藻或菹草;三是移植水花生或凤眼莲到水中央;四是临时放草框,方法是把水草扎成团,大小为 1 平方米左右,用绳子和石块固定在水底或浮在水面,每亩可放25 处左右,也可用草框把水花生、空心菜、水浮莲等固定在水中央。但所有的水草总面积要控制好,一般在池塘种植水草的面积以不超过池塘总面积的 2/3 为宜。

四、投放螺蛳

螺蛳是河蟹和龟很重要的动物性饵料,在放养前必须放足鲜活的螺蛳,每亩放养在 200 公斤,投放螺蛳一方面可以净化底质,另一方面可以补充动物性饵料,还有一点就是螺蛳肉被吃完后留下的壳可以为水体提供一定量的钙质,能促进河蟹的蜕壳,所以池塘中投放螺蛳的这几点用处是至关重要的,千万不能忽视。

五、科学投喂

1. 分搭饲料台

为了保证各自的饵料能得到最好利用,建议龟、蟹、鱼混养时要分搭饲料台,而且相互间距离要远。根据经验,鱼的饲料台可设置于池的东、西两头,草架要完全浮于水面,沉性饲料台距池底 30 厘米左右。龟、蟹的饲料台可设置于南、北倾斜的堤坡上,饲料台要高于水面,使鱼吃不到。

2. 分开投喂

由于鱼很活泼,抢食行为旺盛,因此要分开投喂,首先是投喂鱼饲料,等鱼吃饱了半小时后再投喂龟、蟹饲料。

3. 饲料要区别

龟的饲料,一般动、植物饲料以 6∶4 为好,有条件的最好投喂商品配合饲料。鱼的饲料可用麦麸、糠饼、菜籽饼或商品料。

4. 做好清洁工作

饲料台要经常清扫、消毒,每天清除残饵剩渣,减少对水体的污染。

六、调节水质

1. 调节水位

早春、秋末水温较低,饲养池水位可适当浅些,以利于提高池水温度;高温季节,水位要加深,以促进龟、蟹摄食生长;越冬期间也要控制较深的水位,确保龟、蟹生命安全。

2. 调节水质

当饲养池水色过浓、水质过肥时,也要及时加注新水,更换老水,使池中水质肥而嫩爽,为龟、蟹、鱼创造良好的生态环境。

3. 适时培肥

一旦池水较瘦时,要适时投施一些有机肥或无机肥,保持一定的肥度,促进浮游生物的繁殖,为鲢鱼、鳙鱼等滤食性鱼类提供丰富的天然饵料。

4. 添施光合细菌

为了保证水质良好,促进水体中浮游生物繁多,可适时添施光合细菌或 EM 原露。

七、坚持巡塘

龟、蟹混养时,要求早、中、晚巡塘 3 遍,主要观察龟、蟹的摄食情况和活动情况。每天早上尤其是凌晨要检查池塘是否有泛塘现象或泛塘征兆；中午要察看龟、蟹的活动和生长情况，注意水质是否发生变化等；晚上巡塘时要重点检查防逃设施。一旦发现问题，要及时采取措施。

八、搞好病害预防治

一是做好敌害的预防工作，主要是老鼠、黄鼬和蚂蚁的伤害，预防措施是平时要注意铲除池周杂草。二是做好药害的预防工作，防止周围稻田里的农药水入池。三是做好疾病的预防及治疗工作。

第十一节　稻田养龟

稻田养龟是一种动、植物在同一生态环境下互生互利的养殖新技术，是一项稻田空间再利用措施，不占用其他土地资源，可节约龟类饲养成本，降低田间害虫危害及减少水稻用肥量，不但不影响水稻产量，还可大大提高单位面积经济效益，可以有效地促进丰稻增龟、高产高效，增加农民收入。它充分利用了稻田中的空间资源、光热资源、天然饵料资源，是种植业和养殖业有机结合的典范。

一、选择田块

适宜的田块是稻田养龟高产高效的基本条件，要选择地势较洼、注排水方便、面积 5～10 亩的连片田块，放苗种前开挖好沟、窝、溜，建好防逃设施。田间开几条水沟，供龟栖息。夏秋季节,由于龟的摄食量增大,残饵、排泄物过多,加上龟的活动量大,沟、溜极易被堵塞,使沟、溜内的水位降低,影响龟的生长发育。为此,在夏秋季节应每 1～2 天疏通 1 次,确保沟宽 40 厘米、深 30 厘米,溜深 60～80 厘米,沟面积占田面积的 20% 左右,并做到沟沟相通、沟溜相通。进出水口用铁丝网拦住。靠田中间建一个长 5 米、宽 1 米的产卵台,可用土堆成,田边做成 45°斜坡,台中间放上沙土,以利于雌龟产卵。土质以壤土、黏土、不易漏水地段为宜。

二、水源要保证

这是龟养殖的物质基础,要选择水源充足、水质良好无污染、排灌方便、不易遭受洪涝侵害且旱季有水可供的地方进行稻田养龟,土质以壤土、黏土、不易漏水地段为宜,一般选在沿湖、沿河两岸的低洼地、滩涂地或沿库下游的宜渔稻田均可。要求进排水有独立的渠道,与其他养殖区的水源要分开。

三、防逃设施

在稻田四周用厚实塑料膜围成 50～80 厘米高防逃墙。有条件的可用砖石筑矮墙,也可用石棉瓦等围成,原则上使龟不能逃逸即可。

四、选好水稻品种

这是水稻丰收的保证,选择生长期较长、抗倒伏、抗病虫、适性较强的水稻品种,常用的品种有汕优系列、武育粳系列、协优系列等。

五、选好龟种苗

稻田养龟的品种主要有以下几种,乌龟、黄喉水龟、红耳彩龟、草龟、花龟、鳄龟、金钱龟等水栖龟类。要根据不同的龟、不同的生长特性及不同的稻田环境放养不同的龟种,最好不选用旱龟,也不能选用攀爬性强、易逃的龟品种,如鹰嘴龟、四眼龟、六眼龟等。选用规格应尽可能统一,以利于龟均匀吃食,防止争食。有些品种可以混养。

六、科学放养

这是养殖高效益的技术手段,稻田养龟,应在 4 月前每亩投放龟种,同时,每亩可混养 1 公斤的抱卵青虾或 2 万尾幼虾苗,也可亩混养 20 尾规格为 5～8 尾/公斤的异育银鲫。要求选择健壮无病的龟入田,避免病龟入田引发感染。龟种、鱼种入池时,应用 3％～5％的食盐水浸洗消毒,减少外来病源菌的侵袭。在秧苗成活前,宜将龟种放在沟、溜中暂养,待秧苗返青后,再放入稻田中饲养。如以繁殖为主,一般每亩水田可放养亲龟 120 只(雌雄比 2：1);如养商品龟,每亩放幼龟 600 只或稚龟 2000 只。

七、科学投饵

这是健康养殖的技术措施,稻田中有昆虫类发生,还有水生小动物供龟摄食,其他的有机质和腐殖质非常丰富,它培育的天然饵料非常丰富,一般少量投饵可满足龟的摄食需要,投饵讲究"五定、四看"投饲技术,即定时、定点、定质、定量、定人;看天气、看水质变化、看龟摄食及活动情况、看生长态势,投饵量采取"试差法"来确定,由于稻田内有昆虫类发生,还有水生小动物供龟摄食,可减少部分饲料用量,一般日投饵量控制在龟体重的 2% 即可。如在稻田内预先投放一些田螺、泥鳅、虾类等,这些动物可不断繁殖后代供龟自由摄食,节省饲料更多。还可在稻田内放养一些红萍、绿萍等小型水草供龟食用。

八、日常管理

1. 安全度夏

夏秋季节,由于稻田水体较浅,水温过高,加上龟排泄物剧增,水质易污染并导致缺氧,稍有疏忽就会出现龟的大批死亡,给稻田养龟造成损失。因此安全度夏是稻田养殖的关键所在,也是保证龟回捕率的前提,稻田水位低、水温高,而且水温变化辐度大,容易导致水质恶化。比较实用有效的度夏技术主要有:

一是搭好凉棚。夏秋季节,为防止水温过高而影响龟正常生长,田边种植陆生经济作物如豆角、丝瓜等;

二是沟中遍栽苦草、菹草、水花生等水草;

三是田面多投水浮莲、紫背浮萍等水生植物,既可作为龟的饵料,又可起到遮阳避暑的作用;

四是勤换水,定期泼洒生石灰,用量为每亩 5～10

公斤；

五是雨季来临时做好平水缺口的护理工作，做到旱不干、涝不淹；

六是烤田时要采取"轻烤慢搁"的原则，缓慢降水，做到既不影响龟的生长，又要促进稻谷的有效分蘖；

七是在双季连作稻田间套养龟类时，头季稻收割适逢盛夏，收割后对水沟要遮荫，可就地取材把鲜稻草扎把后扒盖在沟边，以免烈日引起水温超出42℃而烫死龟。

八是保持稻田水位，稻田水位的深浅直接关系到龟生长速度的快慢。如水位过浅，易引起水温发生突变，导致龟大批死亡。因此，稻田养龟的水位要比一般稻田高出10厘米以上，并且每2～3天灌注新水1次，以保证水质的新鲜、爽活。

2. 科学治虫

由于龟喜食田间昆虫、飞蛾等，因此，田间害虫甚少，只有稻杆上部叶面害虫有时发生危害。科学治虫是减少病害传播、降低龟类非正常死亡的技术手段，所以在防治水稻害虫时，应选用高效、低毒、低残留、对养殖对象没有伤害的农药，如杀虫脒、杀螟松、亚铵硫磷、敌百虫、杀虫双、井冈霉素、多菌灵、稻瘟净等高效低毒农药，在用药时应注意以下几点：

选取晴天使用，粉剂在早晨露水未干时使用，尽量使粉撒在稻叶表面而少落于水中；水剂在傍晚使用，要求尽量将农药喷洒在水稻叶面，以打湿稻叶为度，这样既可提高防治病虫效果，又能减轻药物对龟类的危害。

用药时水位降至田面以下，施药后立即进水，24 小时后将水彻底换去。

用药时最好分田块分期分片施用，即一块田分两天施药，第一天施半块田，把龟捞起并暂养在另一旁后施药，经两三天后照常入田即可，过三四天再施另半块田，减少农药对龟的影响。

晴天中午高温和闷热天气或连续阴天勿施药；雨天勿施，药物易流失，造成药物损失。

如有条件，可采用饵诱龟上岸进入安全地带，也可先让龟饲喂解毒药预防，再施药。

若因稻田病害严重蔓延，必须选用高毒农药，或因水稻需要根部治虫时，应降低田中水位，将龟赶入沟、溜，并不断冲水对流，保持沟、溜水中充足的溶氧。

若因龟个体大、数量多，沟、溜水无法容纳时，可采取转移措施，主要做法是：将部分龟搬迁到其他水体或用网箱暂养，待水稻病虫得到控制并停止用药 2 天后，重新注入新水，再将龟搬回原稻田饲养。

3. 科学施肥

这是提高稻谷产量的有效措施，养龟稻田施肥应遵循"基肥为主、追肥为辅；有机肥为主、化肥为辅"的原则。由于龟活动有耘田除草作用，加上龟自身排泄物，另有萍类肥田，所以稻田养龟时的水稻施肥可以比常规的田少施50％左右，一般每亩施有机肥 300～500 公斤，匀耕细耙后方可栽插禾苗；如用化肥，一般用量为：碳铵 15～20 公斤，尿素 10～20 公斤，过磷酸钙 20～30 公斤。

4. 水位控制

水位可经常保持田间板面水深 3～10 厘米左右，原则上不干，沟内有水即可。

5. 防敌害

一般中、成龟的硬壳有抵御敌害作用。而幼小龟，要防止大蛇、水鼠、鱼鹰入田为害。

6. 防病

在稻田中养殖龟，由于密度低，一般较少有病，为了预防疾病，可每半月在饲料中拌入中草药防治肠胃炎，如铁苋菜、马齿苋、地锦草等。

7. 越冬

每年秋收后，可起捕出售，也可转入池内或室内饲养让其越冬。

第十二节　楼顶养龟技术

不论在城市还是在农村，现在住楼房的比较多，楼房的房顶都做了防水层，而且基本上都是闲置的，如果用楼顶的空闲地来养殖龟，不但可以通过养殖龟来达到修身养性的目的,还可以增加他们的经济收益,确实是一件有意义的事。

一、楼顶养龟的条件

不是任何一个楼顶都可以用来养殖龟的,它也要具备一些基本条件。

首先是楼顶必须坚固耐用,不能在养殖过程中出现事故,包括漏水、坍塌事故等。

其次是用水要方便,可以在楼顶上砌个小贮水池,先用增压泵把自来水打到池里,暴晒两三天后再用来养殖龟类。

再次是排水要方便,养殖龟类是需要水体交换的,注水和排水都要做好,一定保证水进来容易,排出去也要方便,尤其是居民楼,必须要做好排水设施,不能对其他居民户造成影响。可单独建立一个下水管道系统,花费也不大。

又次就是出入方便,由于是在楼顶,必须要有个安全的进出梯子,这是因为一方面养殖龟所用的物资,如各种管理工具、饲料、苗种运送和成品输出等。还有就是每天要投喂饵料、检查龟的生长情况等管理工作,也需要上下楼顶,因此出入必须方便。

最后就是气候不能太寒冷,最好在冬季不要结太厚的冰层,因此在北方不是太适宜,在南方还是可以考虑的。

二、养殖池的修建

在楼顶养殖龟类，必须修建养殖池，一般都是用水泥池建造然后抹平池面，上面加上反檐就可以了。根据楼顶的特征，一般可以布局为双排式或单列式两种，做到每个池的长 5 米、宽 4 米，面积为 20 平方米，池子深为 50～60 厘米，蓄水 45 厘米左右，反檐设施离水面 10 厘米左右。

三、放养前的准备工作

一是对养殖池要进行清洗，可用高锰酸钾或生石灰进行消毒处理，然后在阳光下暴晒几日。

二是对新建的水泥池一定要进行去碱处理，可用小苏打或硫代硫酸钠处理。

三是在池中设置好专用的投饵台、草围子，然后安装好增氧设施。

四是在所有的准备工作弄好后，开始注水，刚开始时水位在 25 厘米左右。

四、苗种放养

根据楼顶的特点，在这里养殖龟类时应以周期较短的春放秋捕为好。龟种的规格以每只 200 克左右为宜，龟的放养密度为 5～8 只/平方米。放养前，苗种用 2％的盐水浸泡 5 分钟消毒，然后轻轻地把消毒好的龟一只只地放进池中就可以。

五、投饵管理

饵料可用市场上出售的专用养龟料,有时还可以添加10%的鱼、螺、蚌、猪肝和一些瓜果蔬菜等,既可以新鲜投喂,也可以切成条或块投喂,还可以打成浆与商品饲料拌在一起喂。至于喂的量可以按龟体重的2%～4%左右投喂,最好的办法是每天根据情况而定,由于楼顶养殖龟占用地方小,便于查看,所以可以每天看龟的具体吃食情况,再增减它的投喂量。

六、调节水质

楼顶养龟,对于水质的调控主要是在夏季,在高温季节,可以在池子里放养一些水葫芦、芫萍、水花生等,也可以在池子里吊养聚草等,另外每隔15天就换1次水,换水量占池子的一半。如果气温达到31℃以上时,应及时在池子上方盖上遮阳网。

七、捕捞

在楼顶池子里的龟,可以根据市场的需求,卖多少捕多少,也没有被偷盗的可能性,捕完以后把池底冲洗干净就可以了。

第六章　综合养龟技术

第一节　龟、菜、蚓、蟾立体养殖技术

就是在菜园中巧养蚯蚓、乌龟和蟾蜍,实现了 4 个动植物品种同地同时生长。

一、养殖原理

在菜地里实现这个立体养殖模式,由于经常性的浇水,导致菜地很湿润,加上高大蔬菜的遮阴作用,为蚯蚓、乌龟和蟾蜍等动物创造了适宜的栖息、捕食和生存环境。蚯蚓为蔬菜疏松土壤,产出大量的蚯蚓粪成为蔬菜的优质肥料,为蔬菜节省了化肥。生产出来的蔬菜可以上市卖钱,而那些采割下的菜叶和杂草则可供蚯蚓食用。这时在菜地中间建小型龟池,需要换水时,用换出的水浇菜,龟爬出水池到菜叶下活动,捕食蚯蚓、蔬菜害虫和菜叶,菜园不用喷农药灭虫,夜间在菜园中安装日光灯,诱引虫子让龟、蟾蜍捕食,把产在龟池中的蟾蜍卵捞出于孵化池孵化,成蟾下入龟池时,含有龟粪尿的池水可为蟾蜍祛热疗疾,池水中的蟾酥又为龟类消毒防病;金头龟、平胸龟还主动捕

食进入菜园中的老鼠、蛇和小鸟,有利于其他龟种和幼龟、幼蟾及蚯蚓的安全。夏秋季节,在茶园中设一简易脱衣棚,实现了菜园养蟾蜍、栅内捡拾蟾衣。实验表明,在这种立体养殖下,龟的增重率比单一池养要高 13%,还多收 3000 千克蔬菜,实现了省地、省水、省料、省工且增产的目的。

二、苗种放养

放养时间以在 4 月份为宜,龟种的规格以每只 100 克左右为宜,放养密度为 5～8 只/平方米。放养前,苗种用 2%的盐水浸泡 5 分钟消毒。蟾蜍在 4 月份也可以投放,规格在每只 10 克左右,放养密度为 20 只/平方米,蚯蚓则在春、夏、秋季都可以放养。

三、投饵管理

不需要专门投喂饵料,龟和蟾蜍以蚯蚓、蔬菜害虫为食,有些菜叶也可以被龟取食,另外可以人工诱些虫子供龟、蟾蜍吃。如果养殖龟的密度比较大的话,可以投喂一些其他饵料来补充,如专用养龟料、鱼、螺、蚌、猪肝等。

四、调节水质

对于水质的调控主要是在夏季,在高温季节,可以在池子里放养一些水葫芦、芜萍、水花生等,在浇菜后要及时补充浇水,如果气温达到 31℃以上时,应及时在池子上方盖上遮阳网。

第二节　莲藕池中混养龟

莲藕性喜向阳温暖环境,喜肥、喜水,适当温度亦能促进生长,在池塘中种植莲藕可以改良池塘底质和水质,为龟提供良好的生态环境,有利于龟健康生长。

龟是杂食性动物,一方面它能够捕食水中的浮游生物和害虫,另一方面也需要人工喂食大量饵料。它排泄出的粪便大大提高了池塘的肥力,在龟、藕之间形成了互利关系,因而可以提高莲藕产量25%以上。

一、藕塘的准备

莲藕池养龟,池塘要求通风向阳,光照好,池底平坦,水深适宜,水源充足,水质良好,排灌方便,水的 pH 值 6.5～8.5,溶氧不低于 4 毫克/升,没有工业废水污染,注排水方便,土层较厚,保水保肥性强,洪水不淹没,干旱时不缺水。面积 3～5 亩,平均水深 1.2 米,东西向为好。

二、田间工程建设

养殖龟的藕田也有一定的讲究,就是要先做一下基本改造,就是加高、加宽、加固池埂,埂一般比藕塘平面高出 0.5～1.0 米,埂面宽 1～2 米,敲打结实,堵塞漏洞,以防止龟逃走和提高蓄水能力。

在藕塘两边的对角设置进出水口,进水口比塘面略高。进出水口要安装密眼铁丝网,以防龟逃走和野杂鱼等敌害生物进入。

藕田也要开挖围沟、虾坑,目的是在高温、藕池浅灌、追肥时为龟提供藏身之地及投喂和观察其吃食、活动情况。可按"田"字或"十"字或"目"字形开挖鱼沟,鱼沟距田埂内侧 1.5 米左右。沟宽 1.5 米,深 0.8 米。

三、防逃设施

防逃设施简单,用钙塑板或硬质塑料薄膜等光滑耐用材料埋入土中 20 厘米,土上露出 50 厘米即可。外侧用木桩或竹竿等每隔 50~70 厘米支撑固定,顶部用细铁丝或结实绳子将防逃膜固定。防逃膜不应有褶,接头处光滑且不留缝隙,拐角处呈弧形。

四、施肥

种藕前 15~20 天,田间工程完成后先翻耕晒田,每亩撒施发酵鸡粪等有机肥 800~1000 公斤,耕翻耙平,然后每亩用 80~100 公斤生石灰消毒。

五、莲藕的种植

1. 选择优良种藕

种藕应选择少花无蓬、性状优良的品种,如慢藕、湖藕、鄂莲二号、鄂莲四号、海南洲、武莲二号、莲香一号、白莲藕等。种藕一般是临近栽植才挖起,需要选择具有本品种的特性,最好是有 4 节以上,子藕、孙藕齐全的全藕,要求顶芽完整、种藕粗壮、芽旺，无病虫害，无损伤，两节以上或整节藕均可。若使用前两节作藕种，后把节必须保留完整，以防进水腐烂。

2. 种藕时间

种藕时间一般在清明至谷雨前后栽种为宜，一定要在种藕顶芽萌动前栽种完毕。

3. 排藕技术

莲藕下塘时宜采取随挖、随选、随栽的方法，也可实行催芽后栽植，如当天栽植不完，应洒水覆盖保湿，防止叶芽干枯。排藕时，行距 2～3 米，穴距 1.5～2.0 米，每穴排藕或子藕 2 枝，每亩需种藕 60～150 公斤。

栽植时分平栽和斜栽。深度以种藕不浮漂和不动摇为度。先按一定距离挖一斜行浅沟，将种藕藕头向下，倾斜埋入泥中或直接将种藕斜插入泥中，藕头入土的深度 10～12 厘米，后把入泥 5 厘米。斜插时，把藕节翘起 20°～30°，以利于吸收阳光，提高地温，提早发芽，要确保荷叶覆盖面积约占全池 50%，不可过密。

另外在栽植时，原则上藕田四周边行，藕头一律朝向田内，目的是防止藕鞭生长时伸出田外。相临两行的种藕位置应相互错开，藕头相互对应，以便将来藕鞭和叶片在田间均匀分布，以利高产。

在种藕的挖取、运输、种植时要仔细，防止损伤，特别要注意保护顶芽和须根。

4. 藕池水位调节

莲藕适宜的生长温度是 21～25℃。因此,藕池的管理,主要通过放水深浅来调节温度。排藕 10 余天到萌芽期,水深保持在 8～10 厘米,以后随着分枝和立叶的旺盛生长,水深逐渐加深到 25 厘米,采收前 1 个月,水深再次降低到 8～10 厘米,水过深要及时排除。

六、龟的放养

1. 放养前的一些准备工作

在藕田养殖龟时,在龟种入田前必须做好一些准备工作,主要内容包括放养前 10 天用 25 毫克/升石灰水全池泼洒消毒藕池;投放轮叶黑藻、苦草、水花生、空心菜、茳草等沉水性植物,供龟苗种栖息、隐蔽;清明节前,每亩投放活螺蛳 100 公斤,产出的小螺蛳供龟作为适口的饵料生物。

2. 龟苗种的选择

选购活力强、离水时间短、无病无伤的龟苗种,规格为50～80 克/只。

3. 放养时间

一般在藕成活且长出第一片叶后放虾种,时间大约在5 月 10 日,此时水温基本上稳定在 16℃。

4. 放养密度

为了提高饲养商品率,每亩放养龟 150 只,龟种下塘前用 3‰ 的食盐水或每升 5~10 毫克的高锰酸钾溶液浸泡 5~10 分钟,可以有效地防止龟身体带入细菌和寄生虫。同时每亩搭配投放鲫鱼种 10 尾、鳙鱼种 20 尾,规格为每尾 20 克左右。不宜混养草食性鱼类如草鱼、鲂鱼,以防吃掉藕芽嫩叶等。

七、龟的投饵

龟苗种下塘后第三天开始投喂。选择鱼坑作投饵点,每天投喂 2 次,分别为上午 7~8 时、下午 4~5 时,日投喂量为龟总体重的 3% 左右,具体投喂数量根据天气、水质、鱼吃食和活动情况灵活掌握。饵料可用市场上出售的专用养龟料,有时还可以添加 10% 的鱼、螺、蚌、猪肝和一些瓜果蔬菜等,既可以新鲜投喂,也可以切成条或块投喂,还可以打成浆与商品饲料拌在一起投喂。

八、巡视藕池

对藕池进行巡视是藕、龟生产过程中的基本工作之一,只有经过巡池才能及时发现问题,并根据具体情况及时采取相应措施,故每天必须坚持早、中、晚 3 次巡池。

巡池的主要内容:检查田埂有无洞穴或塌陷,一旦发现应及时堵塞或修整。检查水位,始终保持适当的水位。在投喂时注意观察龟的吃食情况,相应增加或减少投量。

防治疾病,经常检查藕的叶片、叶柄是否正常,结合投喂、施肥观察龟的活动情况,及早发现疾病,对症下药。同时要加强防毒、防盗的管理,也要保证环境安静。

九、适时追肥

莲藕的生长是需要肥力的,因此适时追肥是必不可少的,第1次追肥可在藕下种后30～40天第2、3片立叶出现、正进入旺盛生长期时进行,每亩施发酵的鸡粪或猪粪肥150公斤。第2次追肥在小暑前后,这时田藕基本封行,如长势不旺,隔7～10天可酌情再追肥1次;如果长势挺好,就不需要再追肥了。施肥应选晴朗无风的天气,不可在烈日的中午进行,每次施肥前应放浅田水,让肥料吸入土中,然后再灌至原来的程度。施肥时可采取半边先施、半边后施的方法进行,且要避开龙虾大量蜕壳期。

十、水位调控

在藕和龟混作中,在水位的调控管理上应以藕为主,以龟为辅。因此,水位的调节应服从于藕的生长需要。最好是龟和藕兼顾,栽培初期藕处于萌芽阶段,为提高地温,保持10厘米水位。随着气温不断升高,及时加注新水,水位增至20厘米,合理调节水深以利于藕的正常光合作用和生长。6月初水位升至最高,达到1.2～1.5米。7～9月,每15天换水10厘米,换水可采用边排边灌的方法,切忌急水冲灌,每月每立方米水体用生石灰15克化水后沿鱼沟均匀泼洒1次,秋分后气温下降,叶逐渐枯死,这时应放浅水位,水位控制在 25 厘米左右,以提高地温,促进地下茎充实长圆。

十一、防病

龟养殖的关键在于营造和维护良好的水环境,保持水质肥、爽、活、嫩和充足的溶解氧含量,以保证其旺盛的食欲和快速生长,这样龟的疾病就非常少,因此可不作重点预防和治疗。莲藕的虫害主要是蚜虫,可用 40％乐果乳油 1000～1500 倍液或抗蚜威 200 倍液喷雾防治。病害主要是腐败病,应实行 2～3 年的轮作换茬,在发病初期可用 50％多菌灵可湿性粉剂 600 倍液加 75％百菌清可湿性粉剂 600 倍液喷洒防治。

第三节　龟与茭白混养

一、养殖优势

在水生茭白田养龟是一种茭白、龟互利共生的良性生态养殖方式,它的优点是:

1. 利用茭白田养龟,龟的生活环境宽敞,有良好的光照和水中溶氧充足的条件,在食料广的情况下自由采食,龟的生理习性能得到满足,生长速度加快。

2. 能不断地提供有机肥源,有利于茭白高产,又能净化水质。

3. 天然饵料来源丰富,可降低饲料成本 70％以上,还可以少施或不施化肥。

4. 增值幅度大。

二、池塘选择

水源充足、无污染、排污方便、能排能灌，大水不漫田、干旱不缺水的田，保水力强、耕层深厚、肥力中上等、面积在 1 亩以上的池塘均可用于种植茭白养龟。

三、鱼坑修建

沿埂内四周开挖宽 1.5～2.0 米、深 0.5～0.8 米的环形鱼坑，池塘较大的中间还要适当地开挖"田"字形中间沟，中间沟宽 0.5～1.0 米，深 0.5 米，边沟浅、窄；中间沟深、宽，以便龟活动与越冬。环形鱼坑和中间沟内投放用轮叶黑藻、眼子菜、苦草、菹草等沉水性植物制作的草堆，塘边角还用竹子固定浮植少量漂浮性植物如水葫芦、浮萍等。鱼坑开挖的时间为冬春茭白移栽结束后进行，总面积占池塘总面积的 8%，每个鱼坑面积最大不超过 200 平方米，可均匀地多开挖几个鱼坑，开挖深度为 1.2～1.5 米，开挖位置选择在池塘中部或进水口处，鱼坑的其中一边靠近池埂，以便于投喂和管理。开挖鱼坑的目的是：在施用化肥、农药时，让龟集中在鱼坑避害，在夏季水温较高时，龟可在鱼坑中避暑；方便定点在鱼坑中投喂饲料，饲料投入鱼坑中，也便于检查龟的摄食、活动及虾病情况；鱼坑亦可作防旱蓄水等。

田中央建南北向的产卵沙滩，长 5 米，顶宽 1 米，高出正常水位,有一定的坡度,便于龟上岸活动。

四、防逃设施

田四周按养龟要求建立防逃设施,防逃设施简单,用硬质塑料薄膜埋入土中 20 厘米,土上露出 50 厘米即可。在放养龟前,要将池塘进排水口安装铁丝网或塑料网等网栏设施。

五、施肥

每年的 2～3 月种茭白前施底肥,可用腐熟的猪、牛粪和绿肥 500～800 公斤/亩,钙镁磷肥 20 公斤/亩,复合肥 30 公斤/亩,确保茭白肥源,也有利于培水增肥。将肥料翻入土层内,耙平耙细,肥泥整合,即可移栽茭白苗。

六、茭白的移栽

1. 选好茭白种苗

茭白品种较多,应根据情况合理选用,一般选用高产、抗病虫力强、早熟、适宜在耕层深厚的水田种植的良种。以浙茭 2 号、浙茭 911、浙茭 991、大苗茭、软尾茭、中介壳、一点红、象牙茭、寒头茭、梭子茭、小腊茭、中腊台、两头早为主。选择植株健壮、高度中等、茎秆扁平、纯度高的优质茭株作为留种株。

2. 适时移栽茭白

茭白用无性繁殖法种植,长江流域于 4～5 月间选择那些生长整齐,茭白粗壮、洁白,分蘖多的植株作种株。用根茎分蘖苗切墩移栽,母墩萌芽高 33～40 厘米时,茭白有 3～4 片真叶。将茭墩挖起,用利刃顺分蘖处劈开成数小墩,每墩带匍匐茎和健壮分蘖芽 4～6 个,剪去叶片,保留叶鞘长 16～26 厘米,减少蒸发,以利提早成活,随挖、随分、随栽。株行距按栽植时期,分墩苗数和采收次数而定,双季茭采用大小行种植,大行行距 1 米,小行 80 厘米,穴距 50～65 厘米,每亩 1000～1200 穴,每穴 6～7 苗。栽植方式以 45°角斜插为好,深度以根茎和分蘖基部入土,而分蘖苗芽稍露水面为度,定植 3～4 天后检查 1 次,栽植过深的苗,稍提高使之浅些,栽植过浅的苗宜再压下使之深些,并做好补苗工作,确保全苗。

七、放养龟类

1. 放养前的处理

在茭白苗移栽前 10 天,对鱼坑进行消毒处理。新建的鱼坑,一定要先用清水浸泡 7～10 天后,再换新鲜的水继续浸泡 7 天后才能放龟,在龟种入田前还要做好一些准备工作,主要内容包括放养前 10 天用 25 毫克/升石灰水全池泼洒消毒;投放轮叶黑藻、苦草、水花生、空心菜、菹草等沉水性植物,供龟苗种栖息、隐蔽。

2. 品种选择

鳄龟、红耳彩龟等生长速度较快,当年可育成商品龟,其他品种可选黄喉水龟、草龟等。

3. 龟种质量

选购活力强、离水时间短、无病无伤的龟种。

4. 放养规格

龟种放养规格要求在 150～180 克/只,经 6 个月的培育,红耳彩龟可达 500 克,鳄龟可达 1000～1500 克。

5. 放养时间

茭白移栽成活后即可放养。

6. 放养密度

为了提高饲养商品率,每亩放养龟 200 只,如要繁殖稚龟,可加放亲龟 50～60 只。要求所放养的龟大小均匀,以利龟的生长发育。龟种下塘前用 3‰ 食盐水或每升 5～10 毫克的高锰酸钾溶液浸泡 5～10 分钟,可以有效地防止龟身体带入细菌和寄生虫。

7. 搭配鱼类

每亩搭配投放鲫鱼种 10 尾、鲢鱼和鳙鱼种各 50 尾,规格为每尾 20 克左右。

八、活饵料的培育

为使龟能自由采食,少用或不用人工饲料,亩投放田螺 4000～5000 只,泥鳅 7000～8000 条,青虾 4000～6000 只,龟沟可种上水浮莲,田面放养青萍等供龟、螺、鳅、虾食用,同时又是茭白的有机肥料。

九、科学管理

1. 水质管理

茭白池塘的水位根据茭白生长发育特性灵活掌握,萌芽前灌浅水 30 厘米,以提高土温,促进萌发;栽后促进成活,保持水深 50～80 厘米;分蘖前仍宜浅水 80 厘米,促进分蘖和发根;至分蘖后期,加深至 100～120 厘米,控制无效分蘖。水温对龟的生长发育影响很大,7～8 月高温期宜保持水深 130～150 厘米,并做到经常换水降温,以减少病虫危害。雨季宜注意排水,在每次追肥前后几天,需放干或保持浅水,待肥吸收入土后再恢复到原来水位。每半个月投放 1 次水草,沿田边环形沟和田间沟多点堆放。

2. 科学投喂

可投喂自制混合饲料或者购买龟类专用饲料,也可投喂一些动物性饲料如螺蚌肉、鱼肉、蚯蚓或捞取的枝角类、桡足类、动物屠宰厂的下脚料等,沿田边四周浅水区定点多点投喂。投喂量一般为鱼、龟体重的 5%～10%,采取

"四定"投喂法,傍晚投料要占全日量的 70%。每天投喂 2 次饲料,早 8～9 时投喂 1 次,傍晚 18～19 时投喂 1 次。

3. 科学施肥

茭白植株高大,需肥量大,应重施有机肥作基肥。基肥常用人畜粪、绿肥,追肥多用化肥,宜少量多次,可选用尿素、复合肥、钾肥等,禁用碳酸氢铵;有机肥应占总肥量的 70%;基肥在茭白移植前深施;追肥应采用"重、轻、重"的原则,具体施肥可分 4 个步骤:在栽植后 10 天左右,茭株已长出新根成活,施第 1 次追肥,每亩施人粪尿肥 500 公斤,称为提苗肥。第 2 次在分蘖初期每亩施人粪尿肥 1000 公斤,以促进生长和分蘖,称为分蘖肥。第 3 次追肥在分蘖盛期,如植株长势较弱,适当追施尿素每亩 5～10 公斤,称为调节肥;如植株长势旺盛,可免施追肥。第 4 次追肥在孕茭始期,每亩施腐熟粪肥 1500～2000 公斤,称为催茭肥。

4. 茭白用药

养龟、茭白田病虫害防治时尽量采用生物防治,少用农药。如果确需用药时,应对症选用高效低毒、低残留、对混养的龟没有影响的农药。如杀虫双、叶蝉散、乐果、敌百虫、井冈霉素、多菌灵等。禁用除草剂及毒性较大的扑虱灵、吡虫啉、氧化乐果、呋喃丹、杀螟松、三唑磷、毒杀酚、波尔多液、五氯酚钠等,慎用稻瘟净、马拉硫磷。使用手动喷雾器时,必须使用孔径为 0.7 毫米喷孔的喷头,同时,喷植株的中上部,减少药液落入水中数量。粉剂农药在露水未干前使用,水剂农药在露水干后喷洒。施药后及时换注新水,严禁在中午高温时喷药。如遇施药不当、农药浓度过高,应迅速灌"跑马水",以缓解并降低药害。

孕茭期有大螟、二化螟、长绿飞虱,应在害虫幼龄期,每亩用50%杀螟松乳油100克加水75～100公斤泼浇,或用90%敌百虫和40%乐果1000倍液在剥除老叶后,逐棵用药灌心。立秋后发生蚜虫、叶蝉和蓟马,可用40%乐果乳剂1000倍、10%叶蝉散可湿性粉剂200～300克加水50～75公斤喷洒,茭白锈病可用1:800倍敌锈钠喷洒效果良好。

5. 其他管理

注意防逃、防漏、防中毒和防止蛇、鼠、鸟、虫等的危害,坚持每天巡田,加强守卫。

十、茭白采收

茭白按采收季节可分为一熟茭和两熟茭。一熟茭,又称单季茭,在秋季日照变短后才能孕茭,每年只在秋季采收1次。春种的一熟茭栽培早,每墩苗数多,采收期也早,一般在8月下旬至9月下旬采收。夏种的一熟茭一般在9月下旬开始采收,11月下旬采收结束。茭白成熟采收标准是,随着基部老叶逐渐枯黄,心叶逐渐缩短,叶色转淡,假茎中部逐渐膨大和变扁,叶鞘被挤向左右,当假茎露出1～2厘米的洁白茭肉时,称为"露白",为采收最适宜时期。

夏茭孕茭时，气温较高，假茎膨大速度较快，从开始孕茭至可采收，一般需 7～10 天。秋茭孕茭时，气温较低，假茎膨大速度较慢，从开始孕茭至可采收，一般需要 14～18 天。但是不同品种孕茭至采收期所经历的时间有差异。茭白一般采取分批采收，每隔 3～4 天采收 1 次。每次采收都要将老叶剥掉。采收茭白后，应该用手把墩内的烂泥培上植株茎部，既可促进分蘖和生长，又可使茭白幼嫩而洁白。

第七章　不同龟的养殖

第一节　乌龟的养殖

一、饲养方式

人工饲养乌龟的方式有多种，比较常见的有池养、缸养、木盆养和水库池塘养等，根据各地的饲养效果来看，这些饲养方式各有利弊，各地在发展乌龟养殖时可以因地制宜地自行选择。对于一般养龟专业户和小规模的乌龟养殖场，还是建议以建池养殖的方式较好，因为这种养殖方式管理方便，经济效益也较大。

二、养殖池的建造

乌龟养殖池既可以是土池，也可以是水泥池，从成本投入、养殖效益和水质管理来看，还是以土池为宜。

1. 龟池的布局

乌龟喜静好洁，要选择环境比较幽静、避风向阳、排灌方便的池塘作为养殖基地。对于一家规模化乌龟养殖场来说，龟池的整体布局是有讲究的，应将幼龟、成龟和亲龟分池饲养，可避免大龟吞食小龟，同时也便于确定饲料投喂量和饲养管理工作的进行，便于观察和掌握各类龟的生长和活动情况。幼龟池、成龟池和亲龟池的比例基本上是 3∶6∶1 为宜。

基地确定后，要按高标准精养龟池的要求进行全面改造；底层没有沙性土的要掺一部分沙性土；龟池大小以养殖数量、场地而定，四周围设 1 米左右高的防逃墙，砖砌和竖埋石棉瓦均可，塘边分别搭建"晒台"和食台，供乌龟晒背和摄食之用，食台应高出水面 10～20 厘米。

2. 幼龟池

乌龟的幼龟一般用水泥池饲养，此法适用于一般专业户和小规模的养殖场，有些养殖户出于安全和便于管理的考虑，在室内建池养育幼龟，也能取得较好的效果。

幼龟饲养池应建在向阳避风的地方，一般为长方形，在距池子 2 米左右处建围墙以防龟逃跑，水池中央还可建一个小岛供龟活动，小岛以及水池外围的空地伸向水池的地方都应有一定的坡度，以利于金钱龟爬上小岛或水池外围的空地上停栖、摄食和产卵。

幼龟池的池底部应设置一个出水口供换水之用，便于打扫和保持清洁，水池底和水池外围的空地上皆应铺上约 30 厘米厚的沙土，并栽种一些植物遮阴，以利于夏季降温防暑。

3. 成龟池

由于成龟的活动能力较强,同时有胆小、会打洞、易逃跑等特性,因此在建池时也要充分考虑这些特点。

首先是场地的选择,应保持饲养池四周安静,以免影响乌龟摄食、晒太阳、交配、产卵等正常活动。选择泥沙松软、背风向阳、水源充足、不易被污染、僻静而有遮阴的地方建设成龟池。虽然成龟也可以用水泥池来养殖,但是建议还是用土池养殖最好。

其次是饲养池的大小,如果是新建的池子,饲养池的大小可依场地大小及所饲养龟的数量来确定。也可以利用现有的养殖池进行改造用来养殖乌龟。如果成龟池较大,还可以鱼龟混养,在池中养一些草食性和滤食性的鱼类,以提高养殖的综合经济效益。

再次是建池,和一般养鱼的池塘修建方式是一样的,可以用挖掘机挖好养殖池,然后再对养殖池进行整理。在池子的中央建一个 10 平方米左右的小岛,这个小岛是供龟活动、晒背、交配所用的。围墙和饲养池之间的空地以及小岛伸向池子的地方须有一定的坡度(1∶2 以上),便于龟上岸和上岛活动。饲养池贮水的深度一般为 1.5 米左右,池子底部需铺上 20～40 厘米厚的沙土,围墙与池子之间的空地也应铺上约 60 厘米厚的略为潮湿的沙土。

最后就是防逃设施的修建,在离池 1～2 米远的四周必须用石头或砖砌一道 50 厘米高的围墙,墙基深 70～80厘米,墙壁须光滑,并且在池子的进、出水口处设置铁丝网,以防龟逃跑。

另外,还可在池子四周的空地上和小岛上适当栽种一些花、草及小灌木等,以供龟遮阴、栖息。

4. 繁殖池

繁殖池应尽量保持安静,繁殖池的建造基本上同成龟池。平时繁殖池也可作为成龟池使用,到繁殖期再将成龟移走,这样可提高池的使用效率。产卵期间,池周围的沙土要保持湿润而不积水,如逢干旱,要适当淋水以保持沙土湿润。

三、乌龟的选购

乌龟苗的来源主要是两个方面,即从专业户批量购买的小龟苗及从市场上购买的大乌龟苗和成龟。在挑选乌龟时,也要讲究方法,通常是采用"三字"挑选法,即看、摸、试。

1. 看

先看龟的整体,龟体形状要优美,龟背上的几何花纹排列要整齐有序。龟壳应扁而椭圆,无残缺。乌龟爬行时步伐要稳重,腹甲以不碰到地面者为优。

2. 摸

轻轻地抚摸乌龟,龟壳应平整滑爽,无黏物,无棱角,触摸时,龟头及四肢均应立即缩入龟壳内,表皮不应过分粗糙。

3. 试

把挑选出来的乌龟单独放在玻璃缸里,然后放水,放水的高度一般按水与龟高度之比为 3∶1 或 5∶1,乌龟如沉入水底的为佳,放入食物,食欲旺盛的乌龟会立即进行吞食。

将挑选好的龟分级暂养,按大小分别寄养于塘角或分格的小塘里,待 10～15 天适应新环境后,再放入养殖塘;市场上买来的受伤小龟苗和成龟,要单独饲养到伤愈后再投放。

四、科学放养

一般亩平均投种 100～150 公斤,根据目前养殖水平,最高密度为 200 公斤,少了效益差,多了技术难以跟上。

五、科学投喂

1. 饲料种类

乌龟是杂食性动物,动物性的食物有:昆虫、蠕虫、小鱼、虾、螺、蚌、蜗牛等软体动物,各种禽畜和野生动物的肉及下水、蚕蛹等。

植物性的食物有:嫩叶、浮萍、瓜皮、玉米、麦粒、大豆、小米、稻谷、各类饼、杂草种子、蔬菜、水生植物等。

饲料添加剂包括矿物质中的骨粉、钙粉、食盐、高效速生素添加剂，维生素类的畜用多维素、鱼肝油、麦芽等，抗生素中的土霉素、磺胺类等，健胃药中的干酵母、食母生、种曲等。

乌龟最喜欢吃的食物是小鱼、蜗牛、玉米和稻谷。人工饲养时，为满足乌龟生长所需要的各种营养，避免因饲料单一而生长发育不良和产生厌食症，应采用多种饲料，如动物性饲料中的鱼虾、蜗牛、河蚌等和植物性饲料中的稻谷、小麦、玉米等。最近市场上推出营养均衡的乌龟专用饲料，可以放心食用。

2. 定时投喂

春季和秋季气温较低，乌龟活动能力较弱，在早晚时不大活动，这个时期不可多喂食，每 3 天喂 1 次，只在中午前后摄食，故宜在上午 10～12 时投喂饲料。从谷雨到秋分是乌龟摄食旺季，时值盛暑期，乌龟一般中午不活动，而多在下午 5～7 时活动觅食，故投食以在下午 4～5 时进行为宜。定时可使乌龟按时取食，获取较多的营养，并且还可保证饲料新鲜。

3. 定点投喂

沿着水池岸边分段定点设置固定的投料点，投料点的食台要紧贴水面，便于乌龟咬食。定位投喂饲料，目的是让乌龟养成习惯，方便其找到食物，同时便于观察乌龟的活动和检查摄食情况。

4. 定质投喂

要想让乌龟充分地消化投喂的饲料,饲料应该保持新鲜,在投喂饲料之前,须先将玉米、豌豆等压碎,浸泡 2 小时左右,其他大块食物也须先切碎,然后再投喂。喂食过后,要及时清除剩残食物,以防饲料腐烂发臭,影响乌龟的食欲和污染水质。还有一点要注意的是,在乌龟生长的不同时期,应根据其生长特点投以含不同营养成分的饲料,例如稚龟就要投喂红虫、蝇蛆、小虾和煮熟捣烂的鸡蛋,不能投喂含脂量高或盐腌过的饵料,以免引起消化不良等症状。

5. 定量投喂

饲料的投喂量视气温、水质、乌龟的食欲及其活动情况而定,以当餐稍有剩余为宜。一般每隔 1～2 天投食 1 次,数量为乌龟总重的 5%～8%。投喂量以投喂后 1 个小时能吃完为宜。

六、其他的管理

1. 适时进行日光浴

乌龟也需要进行日光浴,乌龟不照射紫外线,同样也无法利用钙质,幼龟如果钙质摄取不足,龟壳容易变得柔软不堪;维生素 A 摄取不足,眼睛可能变白。因此在家庭养殖乌龟时,一定要经常让它们接触阳光的照射,在室外养殖时,在池塘中间建设小岛也有让乌龟进行日光浴的作用。

另外借助"日光浴",使龟背上附着的污秽晒枯而脱落。

2. 加强对稚龟的饲养

刚出壳的稚龟体质较弱,肠胃机能和消化能力也弱,故不宜马上放养于饲养池中,而应先单独精心喂养和护理一段时期,以提高稚龟的存活率。稚龟的饲养主要是做好以下几方面工作:

一是用专用的稚龟饲养箱来强化喂养。稚龟饲养箱每天换水 1~2 次,水温严格控制在 25~30℃,天气炎热时还需多次向饲养箱内喷水,以调节温度并增加水中的氧气,使稚龟得以在适宜的条件下正常生长。

二是加强投喂管理,促进龟的快速生长,刚孵化 1~2天的稚龟是不需要投食的,2 天后才开始喂少量谷类饲料,之后再投喂少量煮熟的鸡蛋和研碎的鱼虾、青蛙肉、南瓜、红薯等混合的饲料。经过 7 天的饲养,稚龟体质已较强壮,便可将其转入室外饲养池饲养。

三是搞好清洁卫生,以免稚龟生病。

3. 调节水质

每隔 3~5 天换 1 次新水,每次换水量 1/4,以保持水质清新,池水洁净,溶氧充足,肥度适中,以防乌龟发生疾病。

4. 防治病害

每月用生石灰等药物消毒 1 次,以预防疾病的发生和蔓延;一旦发病,病龟要单独喂养,用磺胺类药物拌饵投喂;成龟还可注射抗生素;搭好晒台让乌龟经常"晒背"。

5. 冬眠期的管理

乌龟属变温动物,对环境温度变化特别敏感,11 月至翌年 3 月,当气温在 10℃ 以下时,乌龟静卧于池底的淤泥中或卧于覆盖有稻草的松土中,不食不动,进行冬眠,这时它的新陈代谢非常缓慢和微弱。次年 4 月,水温高于 15℃ 时,恢复活力并大量摄食。因此乌龟的冬眠期要重点做好以下几方面工作:

一是加强冬眠前的检查。冬眠期之前,检查乌龟的生长情况,对体弱者,多喂给乌龟喜食的饲料,使乌龟积贮大量的营养物质,长壮身体,安全越冬。

二是做好保温。如在水池四周以及水池与围墙之间的空地上覆盖稻草。

三是防止乌龟天敌的侵害。

四是要根据各地具体情况,尽快缩短"冬眠期"。

第二节 巴西龟的养殖

巴西龟又叫红耳彩龟、红耳龟、麻将龟、翠龟、巴西彩龟、秀丽彩龟、七彩龟、彩龟等。巴西龟比一般龟类的色彩鲜艳,具有很好的观赏价值,加上它们的适应能力强,生长速度快,是初学者再好不过的入门品种了,因此受到许多养龟爱好者的青睐,尤其是温顺、娇小、可爱、鲜艳夺目的雏龟和幼龟,更是受到众多爱龟人士和儿童的"追捧"。我国于 1987 年引进巴西龟养殖,是目前龟类养殖量最大的品种,占龟类总产量的 50% 以上。

巴西龟的色彩非常鲜艳,其两眼后鼓膜上有显眼红斑,是目前宠物观赏鱼市场上几乎不可缺少的优良品种,也是人们非常喜爱的观赏性龟种。另外巴西龟的适应性强,容易进行人工饲养,已经成为一种大众化的普通商品,更易被市场消费者接受。

一、养殖场地及设施

1. 养殖场

巴西龟的稚幼龟饲养可用塑料盆、水族箱、玻璃缸等容器,水深稍高于龟背即可。而成龟的养殖一般是在室外进行,成龟池用水泥、砖石结构,大小因地制宜,面积一般100～500 平方米,水深 30～50 厘米。龟池应建在背风向阳、水源充足、排灌方便、不易被污染、僻静而有遮阴的地方。池壁用砖砌成,高于水面 50 厘米的矮墙,粉刷光滑,墙基入土 30 厘米,上口向内出檐 10 厘米,以防龟外逃。池内设制一块大小适宜的水泥板,以 30°半露水面倾斜放置,以便龟上岸休息和产卵,既作为食台和晒背台,又作为遮阴和龟的隐蔽场所。产卵场地需铺上 20 厘米深的沙土,以利雌龟产卵。成龟也可放养在鱼塘中与四大家鱼混养。

2. 养龟箱

巴西龟作为一种最常见的观赏龟,在少量养殖时通常是用养龟箱作为养殖载体的。现在一般都流行塑料的缸,主要是因为不像玻璃钢换水那么累以及不易摔坏。对于大多数巴西龟来说,养龟的容器最好是 30～60 立方米或者更大的水族玻璃箱,容器中要有足够的水,具体水量的标准是以龟身翻过来,龟又能够很轻松地利用水的浮力再翻回来为宜,根据估计,这高度大概是龟身长的 3/4,好让龟到水面呼吸时脚能撑到地。

由于巴西龟喜欢在水中停留或吃东西,它是用肺呼吸,不可能长久地停留在水中,因此在水中停留一段时间后,一定要浮上来将鼻孔部分露出水面呼吸换气,也喜欢在陆地上休息或晒太阳。所以养龟箱无论如何设计,原则上必须有水有陆,最好是水陆各占一半,水陆间要设一爬梯,为龟爬上陆地的通路。通路的坡度在 20°左右,以便龟类轻便上下。鱼缸中间放一块石头,这是给巴西龟晒太阳休息用的,因为巴西龟不能总泡在水里,否则会严重影响健康,甚至龟壳会腐烂。石头的大小以大于巴西龟,占鱼缸面积 1/6 左右为宜,高度为略高于两只巴西龟摞起来,上面要平坦,鱼缸里面当然要加水,水面要略低于石头表面。在一个良好的养龟箱中,应该装备以下设备:1 个加热器、1 个过滤器、1 个全光谱灯管、1 个让龟晒太阳的地方。

买来 1 个新的缸,先不要急着把巴西龟放进去,应该先给缸好好消个毒,放点高锰酸钾消毒 12 个小时以上后,再用清水浸泡 12 个小时以上,以去除缸里的细菌以及中和一些有毒的物质,来确保练习本龟不会受到客观原因的伤害。然后,再往消毒后的缸里放上自来水,滴上几滴除氯剂后方可把巴西龟放入。

由于巴西龟有晒太阳的习性但又不宜久晒,因此养龟箱既不能放在阳光长久直射的场所,必须的遮阴设施也不要放在墙角、卫生间等太阴暗的地方,最好放在阳光可以照到、比较安静一些的地方。如果在室内养龟可在距龟箱 30 厘米处安装 1 个紫外灯每天照射 15～20 分钟。为防止箱内龟的逃逸,最好加网盖,还可以在里面放一些宠物爬沙,营造出一个野外生存的环境,同时也使整体更加美观。冬天水温下降让龟冬眠,夏季可能的话,白天可将龟拿出去晒太阳,晚上收回。

二、龟的选择

挑选巴西龟可从外形、活动、体质这几个方面进行查看。

1. 外形

巴西龟雌性个体重达 1000 克,雄性个体重达 250 克以上时性成熟。健康的龟外形整齐,均匀正常,背甲硬且完整无缺未受伤,体厚、背甲明亮呈浅绿色,体表皮肤无水霉。眼部外凸,但不红肿。

2. 活力

健康的龟爬在岸边受惊动后立即跳入水中或逃跑,入水后沉水或在水中游动,有的会爬到其他龟背甲上休息。反之,受惊动后反应迟钝、不逃跑、游泳或潜水有困难的龟或入水后漂浮水面的龟不宜选择。选购中可采用简便方法试验个体的灵活度和强壮度,即将龟腹部向上,翻转越快的越灵活。总之,要选择活泼有活力的龟。

还有一种选购的方法就是请卖龟的人给一群龟喂点饲料,你注意看哪一只或哪几只最先过去吃,就可以判断它们是健康的。对拒绝吃饲料的龟应谨慎为妙,因为它们不是病了,便是尚未适应新饲料,是不宜选购回家的。

3. 体质

体质强的龟,个体肥大,眼睛明亮睁大,鼻孔干净流通,主动进食,四肢饱满。爬动时四肢将自身撑起,头后部及四肢伸缩自如,腹甲悬空,而不是腹甲平贴地面。用手拉龟的腿部,手感觉到龟的腿有力,且向内缩。

4. 个体

在同一批中尽量选择个体大的。

三、科学投喂

1. 巴西龟的饵料

巴西龟属杂食性龟，但偏食动物性饵料，自然界的野生龟类，多半以肉食为主。在人工饲养条件下，喜食动物性饵料，如小鱼、小虾、猪肝、猪肉、动物内脏、蚌、螺、蟑螂及摇蚊幼虫、水蚯蚓、黄粉虫、蝇蛆等。巴西龟最爱吃虾，也食菜叶、米饭、瓜果等植物。要注意的是食物不能带刺和骨头，以免龟受伤，最好是喂新鲜的生肉，因为煮熟后的肉类变硬，龟不爱吃硬的东西。

2. 巴西龟吃食的习性

首先是巴西龟摄食时间无选择性，昼夜均食。其次是巴西龟在饥饿状态下会有抢食行为，且发生大吃小的现象。

3. 定时投喂

喂食的时间固定，一般春、秋两季为 10～14 时，夏季以 7～9 时或 18～19 时为宜，当气温过高或过低时，龟均有少食或不食的现象。

4. 定点投喂

投饵的地点应固定，这样便于观察龟的吃食情况、活动情况。当饲料投喂后，健康的龟能爬到食台前觅食。那些反应迟钝或不食的龟应注意观察,严重者应分开饲养。

5. 定质投喂

饲料必须新鲜、无异味,下脚料应先洗净,再剔除多余的筋、皮等物,以免龟消化不良。在春、秋季添加维生素 E 粉、抗生素,以提高龟的怀卵量和增强龟的体质。

四、水质管理

巴西龟大部分时间生活在水中,且喜欢在清澈的水体中。因此,水质是饲养巴西龟成功的关键之一。

1. 水质的处理

如果是用自来水养殖巴西龟,必须先用硫代硫酸钠进行除氯,在夏天需要在日光下暴晒 3 天后才能用于巴西龟的养殖。

2. 池塘养殖时水质的控制

池塘饲养,应保持水的透明度,水色为淡绿色,透明度为 20~30 厘米为好。春、秋季水位适中,夏、冬季水位加深,起到降温或保温作用。春、秋季每月抽换部分水,定期用呋喃唑酮、生石灰等交替泼洒,再添加新鲜水。夏季每 10~15 天换水 1 次。若水色为褐绿色或蓝绿色,表明水质过"肥",应及时全部换水。

3. 水泥池养殖时的水质控制

水泥池饲养时，水质易变化，应定期换水，一般 4～5 月每周换水 1～2 次，尤其需注意对食台消毒。6～9 月，因温度较高，换水宜在喂食后 3～4 小时进行。冬季冬眠期可少换水或不换水。

4. 水族箱养殖时的水质控制

在水族箱中养殖巴西龟，幼龟时可用略深一点的水，在夏季最好天天换，特别是喂食、排泄后就要及时换水。一般可掌握在喂食后 4 小时把旧有脏水放掉、抽掉、倒掉，然后以中等硬度的刷子和清水刷洗容器四壁和底面，清洗时先把巴西龟放到一个塑胶盆里，待清洁好且注入温度适宜的清水后再把龟放回水中。成龟的水位控制在体高的一半左右就可以了，这样可防止白眼病的发生。在养殖过程中要保持水质清洁，水温最好保持在 25℃ 以上，另外，还要经常清理水底沙，避免细菌和寄生虫繁殖。

五、巴西龟的冬眠

1. 室外龟的冬眠

和所有的龟一样，巴西龟在 15℃ 以下也需要冬眠，在室外池塘的巴西龟通常会潜入水底的淤泥或者躲在岸边的石块、落叶下冬眠。严寒季节要盖塑料膜，防止结冰。

2. 室内龟的冬眠

对于在室内养殖的巴西龟,有几个冬眠措施可供选择:第一种方法是将它们埋在潮湿的沙子中,注意保证沙子的较大湿度;第二种方法是在巴西龟的身上覆上一层潮湿的纱布;第三种方法是将巴西龟放在一个木箱子里,上面盖上潮湿的稻草,然后再将龟放在屋子的一个角落里,保持湿度在5℃以上就可以了。

3. 冬眠的注意要点

一是在冬眠前要对巴西龟进行检查,检查的内容包括皮肤、头部、粪便、寄生虫,那些刚刚病愈的龟或生病的龟、太小的龟不要让它们冬眠,建议加温饲养,或暂时提高饲养温度,延后冬眠时间,因为它们没有充足的脂肪以供在冬眠期间消耗。

二是在巴西龟冬眠之前的一周就停止喂食,清理肠胃,并用温水浸泡,刺激帮助小龟多排便,把积攒在肠道中的食物清空,否则冬眠期食物和粪便在体内淤积甚至发酵变质,易造成肠胃炎。

三是在冬眠时的环境温度一定要维持在5℃以上,否则巴西龟会因过度受冻而死。

四是在冬眠期间,一定要保证较大的湿度,否则巴西龟会缺水而死。

五是冬眠时不要频繁地打扰巴西龟。

六、加强管理

1. 注意适当的光照

阳光中的紫外线对龟类而言是很重要的,最好每日让它晒 1～2 小时,通过晒太阳可杀灭龟壳上的一些细菌,也可防止龟壳软脆。

2. 洗涮龟背

定时用软牙刷刷洗龟背,以去除寄生虫。注意刷的时候不要刷到头上,因为刷毛可能会扎伤龟的眼睛和鼻孔。

3. 及时分养

巴西龟的养殖不宜太密,应大小分级分开饲养,以便于管理,促进生长。

第三节　美国蛇龟的养殖

美国蛇龟又叫小鳄龟,原产于美国,1996 年开始引进我国。美国蛇龟对温度适应力强,冬季不怕冷,可自然冬眠,夏季不怕热,且抗病力强,生长速度快,因此适宜广大农牧渔民、下岗职工和养龟爱好者的养殖。

一、养殖池的建设

1. 室外养殖场

在野外,美国蛇龟是水栖龟类,喜伏于水中泥沙、灌木、杂草中。因此美国蛇龟养殖池的建造要依据地形、水源、环境、面积、养殖数量而灵活确定,一个好的美国蛇龟养殖池主体包括龟池本身、食台、陆地、进排水系统、溢水口等,其中陆地主要用于龟休息的场所,另外在亲龟池的陆地部分可以建龟的产卵场,产卵场上方搭防雨棚。

根据龟的生活习性,池塘建设也要符合龟的生长发育所需,在池塘的近岸处可建成浅水区,水深控制在 5～15 厘米,浅水区栽种一些慈姑、水浮莲等水生植物,这样既可净化水质又可作为蛇龟的隐蔽栖息场所;其次为中水区,水深控制在 20～40 厘米;最远端是深水区,水深控制在 50～150 厘米,深水区底部应铺有 30 厘米的沙土,便于美国蛇龟钻入沙土越冬。

养殖池周边宜用砖石砌好,用水泥粉刷平整,龟池四周建"T"形防逃墙。要建设专用的食台,使食台的 1/3 进入水里,2/3 露出水面,与水面成 30°倾斜。

2. 水族箱

美国蛇龟是可以用水族箱饲养的,水族箱的大小以 50 立方米为宜,宽度至少能保证足够龟全长的 4 倍,只要缸内有足够的攀爬环境,美国蛇龟就完全可以生活在深水中，因此水位可以达到 50 厘米左右。在水族箱中，一定要有石块或木头，在白天美国蛇龟一般伏在水中的木头或石块上栖息，有时也漂浮在水面，四腿朝上，背甲朝下，而头露出水面，到夜晚开始爬动。

二、龟的选择

美国蛇龟的适应力、抗病力均较强，选购时主要看外表、体质两方面。要求蛇龟的眼睛有神、头颈伸缩自如；龟壳外表齐整，体质健壮，没有明显的溃烂和外伤；蛇龟的四肢要肥厚有力，在爬行时能将身体支撑起来的就是首选优质蛇龟。

三、放养密度

美国蛇龟要按大小不同分级分池放养，不可混养，以免影响小龟生长。不同的规格放养密度也有一定差异，例如刚繁殖的稚龟放养密度为 50 只/平方米；当生长一段时间后，体重达每只 200 克时，放养密度为 25 只/平方米；亲龟的规格为每只 4 公斤时，放养密度为 0.2 只/平方米。

四、饵料投喂

1. 美国蛇龟的食性

美国蛇龟为杂食性，在自然环境中其食物有野果、植物茎叶、小虾、小鱼、小蟹、蛆虫、蜗牛、蚯蚓、水蛭、小蛙、蟾蜍、淡水寄生虫等；人工饲养条件下，不仅吃鱼、猪肉、牛肉、泥鳅、虾、螺蛳、青蛙、蛋类及畜禽内脏等动物性饵料，还可投喂苹果、菜叶等植物性饵料。

2. 四定投喂

美国蛇龟在投饵时也应做到"四定"原则，即定时、定点、定质、定量。

一是定时，当水温达 17℃ 左右时停止喂食，水温为 20～33℃ 时可投喂较多食物，若达 34℃ 以上蛇龟则很少动，也很少吃食，伏在水底及泥沙中避暑，此时可不投喂。投喂时间以上午 9～10 时，下午 3～5 时为宜。

二是定点，美国蛇龟生活在水中，喂食时应将食物投入水中或放在水边。由于美国蛇龟生性凶猛，有争食的习性，容易相互咬伤，因此要多处设置投食点，保证多数个体能吃饱。

三是定质，要使用新鲜的鱼、虾、牛肉、螺蚌、蚯蚓等动物饵料，这些食物要切碎或撕碎。由于这些动物性饲料非常容易污染水质，建议在水族箱中养殖龟时，在喂食的时候可以把龟拿出来喂，喂好后再把龟放到水族箱里。

四是定量，投喂量遵循"两头小、中间大"的原则，即初春、深秋少喂，春、夏、秋季多喂。夏天气温高，龟新陈代谢快，可以每天喂 1 次，每次喂食量一般是它们头部加颈部大小的份量就足够了。一般建议隔天喂 1 次，其他的时间喂的次数就要相对减少。

五、暖棚或温室养殖

用保温强化人工饲养美国蛇龟是一种比较好的饲养方法，经过一些养龟专家的试验，采用大面积暖棚温室养殖时，由于湿度适宜，投喂量供应充足，因此美国蛇龟的生长速度很快。生长最快的美国蛇龟年净增长 1000 克/只以上。

这种温室养殖的做法是人为提供美国蛇龟所需要的湿度条件、温度条件和饵料供应，使龟在模拟的自然条件下快速生长。每层饲养架每天用 40 瓦特日光灯照射 12 小时以上，从而达到增加室内光照的效果。在每年 11 月至翌年 4 月温度较低时，可人为地提高养殖池里的温度，可在饲养龟的铁架四周及上下采用塑料泡沫板密封，外围再用塑料膜围住固定，建成暖棚。内置电热丝加温，连接全自动温度控制仪，使内部温度保持在 25℃以上，以保证龟的正常摄食。

六、加强管理

1. 加强日光照射

适当的晒背是必要的，阳光能有效地杀灭龟的背甲以及皮肤中的细菌，如果平时有条件，最好还能把美国蛇龟放出来走一走，运动运动，这样能有效地保持龟的四肢强健。另外阳光本身具有合成维生素 D_3 的能力，能帮助钙质的吸收。

2. 加强换水

养殖池要保持环境安静，水质优良，及时排污和注水，对龟、池、水进行必要的消毒，可使用微生态制剂。

建议 2～3 天换水 1 次，每次只要换一部分，不需要全缸换水，除非水及缸周围很脏才需要全缸换水。部分换水时用塑料小管利用虹吸原理将底部脏水吸出，再添加同等容量的新水入缸即可。

3. 做好冬眠工作

每年 10 月到次年 5 月、气温降至 13℃ 以下时，美国蛇龟便开始要冬眠，直到气温升高至 18℃ 时结束。冬眠的龟不吃不动，把龟移入室内阴暗安静处，采用浅水（水刚过背甲）冬眠，每月换水 1 次。除了换水，尽量不要打搅龟。注意温度不要低于 6℃，否则危及龟的生命。

第四节　鳄龟的养殖技术

鳄龟，又名鳄鱼咬龟、鳄甲龟，也就是我们常说的大鳄龟，而美国蛇龟就是我们常说的小鳄龟。鳄龟属于鳄龟类的一种，但比小鳄龟长得更丑。大鳄龟和小鳄龟一样，集食用、观赏、药用为一体，具有很高的经济价值。

一、大鳄龟和小鳄龟的区别

1. 盾片上的区别

小鳄龟和大鳄龟的主要区别在于它们背部的盾片突起，随着年龄的增加，大鳄龟的盾片突起依然很明显，而小鳄龟的盾片突起在稚、幼期是非常明显的，而到了成龟期就不那么突出了。

2. 外形上的区别

小鳄龟有一个相当圆润光滑的背甲，而大鳄龟在其厚重的背甲上有 3 条纵向的脊突，宽大而明显。大鳄龟长相奇特，粗看酷似鳄鱼，头和脚都不能缩进龟壳，头侧、颏上和颈部有许多皮突，很像癞蛤蟆身上的疙瘩。

3. 生长速度上的区别

从生长速度看，大鳄龟小时候生长缓慢，当生长到 250 克以后，生长速度加快，在人工控温条件下，从 250 克到 2500 克只要 1 年的时间。小鳄龟在 50 克以下生长缓慢，在控温条件下，50 克左右的小鳄龟长到 2500 克或 7 克左右的稚龟平均长到 1500 克仅需 1 年。大鳄龟和小鳄龟生长速度的差异主要是习性不同造成的，大鳄龟性情懒惰，不主动摄食，小鳄龟能主动摄食，生长速度比大鳄龟自然要快一些。

二、养殖环境

大鳄龟的生长也需要一个好的环境,室外养殖时,池塘的建设和前面的蛇鳄龟养殖是一样的。

在室内养殖时,水深比龟背稍高的深度就可以了,最多不要超过龟背高度的 2 倍,不需要太深。为了给龟提供一个晒背和栖息的地方,最好能在水族箱里提供一块高出水面的石头,让龟爬上去晒背,如果完全室内饲养,要确保大鳄龟每天晒太阳十多分钟。缸底可以铺一些小石子或者大的鹅卵石。水中不要放水草。

三、鳄龟的放养

首先是选择健康有活力的鳄龟,对于那些有病、有伤的鳄龟,则不宜放养。

其次是严格分级放养,由于鳄龟比较凶残,因此按大小不同分池饲养,不可混养,以免影响小龟生长。

最后就是放养的密度要合适,每平方米可放养种龟1 组(1 公 2 母),或中龟 3 组,或幼龟 5～10 组,或稚龟10～20 组。

四、饲料的投喂

1. 大鳄龟的食性

鳄龟食性比较杂,野果、植物茎叶、小虾、小蟹、鱼、泥鳅、蛆虫、蜗牛、蚕蛹、蚯蚓、黄粉虫、水蛭、小蛙、蟾蜍、蝾螈、肉等都可以成为它们的食物。在人工饲养条件下，可以投喂鱼、猪肉、牛肉及家禽内脏及膨化饲料等，还可以投喂植物类食物如苹果、菜叶等。

2. 定点投喂

鳄龟的饵料投喂时应固定一处或几处，不要满池都有，可在斜坡边水下设一块木板用于放食，一旦固定地方投食后就不要经常变动，这对于养成鳄龟良好的摄食习惯是非常有好处的，也方便及时检查鳄龟的吃食情况和健康状况。

3. 定量投饵

在喂养鳄龟的时候，配合饲料投喂量一般为鳄龟总体重的 1.5％～2.5％，鲜活饲料占体重的 5％～10％。还可以在池塘中养殖一些螺、蚌和鱼类，既可利用水体，又可以减少投饵量。

4. 定时投喂

在自然条件下饲养，初春、初冬每天喂 1 次，在中午气温较高时投喂。春末到深秋这段时间是龟吃食旺季，每天投喂 2 次，时间宜在上午 9～10 时和下午 4～5 时，上午喂饲料总量的 40％，下午喂 60％，投入饲料在 90～150 分钟内吃完为止，如吃不完，下次可少投些。

5. 定质投喂

给鳄鱼投喂时一定要注意质量,食料大的要切小,硬的要用水泡软,生熟均可,小幼龟喂营养丰富的细碎饲料,以利于消化,变质饲料不可使用,并且品种切忌单一。

6. 做好驯饵工作

刚开始投饵时,鳄龟不习惯到食台上来,可根据它们喜好夜间觅食的习性,在傍晚将食物投喂到食台附近,逐步过渡到食台上,就这样慢慢地做好驯饵工作。第二天早上检查吃食情况,主要看有无剩余,并作记录。

五、水的控制

1. 水质的控制

鳄龟喜欢生活在干净的水环境中,所以在饲养过程中应该注重更换新水。在高密度集约化养龟条件下,龟的摄食量和排泄物都较多,而水温又较高,饲料对水质的污染速度也较快,水体中易产生较多有害物质,尤以氨化亚硝酸盐及硫化氢危害较重,这时可以通过泼洒和底施光合细菌,即可有效地改善水质,减少有害物质对鳄龟的影响。每次加注新池水时,同时施用浓度为 10～15 毫克/升的光合细菌。

加强换水也是调节水质的有效方法,面积大的池子,20～40 天部分换水 1 次,小池子 5～7 天部分换水 1 次,透明度保持在 20～25 厘米。

2. 水温的控制

要保证鳄龟的成活率，就要保持水温环境的稳定，水温的科学调控直接影响成龟养殖的增重及成活率，鳄龟的水温长期维持在 28～30℃时，对于它的新陈代谢和生长发育是最有利的。另一方面正在换水或裸露在外界的养龟池恰遇暴雨或气温骤变等恶劣天气时，一定要及时防范，极力避免水温变幅大于 2℃。

在室外池塘养殖时，夏季池水必须保持 80 厘米，池上要遮阴 1/5 以上，池内养些浮萍，周围种上树，必要时注入新水降温，使水温不超过 40℃。

六、春季的管理

春季是鳄龟饲养的关键，这是因为此时气温不稳定，忽高忽低。高温时，龟爬动且吃食，并消耗体内能量，而能量又不能及时得到补充。所以，根据龟体质状况，可采取人为加温的办法，将水温加到 25℃左右，尤其是夜间更为重要。在喂食上，应掌握量少质高的原则，做到投喂"三固定"，即喂食的地点固定、投喂的食物数量固定、投喂的时间固定。投喂的量不可过多，以龟体重的 1‰为宜，每周投喂 2 次，切忌时饱时饥，否则易引起龟的消化紊乱。

在管理上，做到"勤换水，勤观察"，即经常更换水，仔细观察龟的活动、粪便、进食等状况，对出现异常情况的龟应及时采取措施。换水时，新陈水温差不宜超过 3℃以上，防止引起龟肠胃不适。

七、夏季的饲养

夏季的气温较高,也是鳄龟的生长旺期,此时鳄龟的吃食量和活动量都非常大,饲养上也很简单,一般每天喂食 1 次,喂食后 2~3 小时换水。当水的温度在 35℃ 以上时,应注意防暑,可采取加深水位、换冲水、移入室内、搭建遮阴棚等措施。也可在池内放养浮萍、水草之类降温,也可在池边种植几棵果树,尽量保持水面温度不超过 40℃。

八、秋季的饲养

在初秋,中午前后的气温较高,龟的活动还是非常频繁的,要加强投喂管理,喂食应在下午 3~4 时,隔天换水 1 次。投喂的食物量增大,使龟体内储存的营养物质能保证龟越冬的能量消耗,使龟安全越冬。在秋季后期,要做好越冬的准备工作。

九、冬季的饲养

每年 11 月到次年 5 月气温降至 13℃ 以下时,鳄龟便开始要冬眠,直到气温升高至 18℃ 结束。冬眠的龟不吃不动,这时就要加强管理,首先是在冬眠前加强投喂,满足鳄龟冬眠时的能量消耗;其次是在冬眠期间,尽量不要打搅龟;再次就是注意冬眠期的温度不能低于 6℃。

十、其他的管理措施

1. 做好病害预防治工作

在自然状态下,鳄龟一般较少患病,但在高密度养殖条件下易患消化不良症,可对病龟填喂含多酶片的药饵(每公斤龟用药 2 片)。外伤类症可用碘酊药棉对患处消毒,涂上消炎生肌膏后 2～4 天即愈。

2. 其他管理工作

鳄龟人工养殖的日常管理工作除做好饵料投喂、水质管理之外,还需做好一系列管理工作。

首先,每天坚持巡查,对龟的粪便、进食、水质、气温、水温一一作记录,如发现异常现象,及时处理。

其次,鳄龟的潜逃能力较强,既能直立,又能爬树、粗糙的墙面和水泥面。因此,需经常检查防逃设施。

第五节　金钱龟的养殖

金钱龟又叫三线闭壳龟、断板龟、红肚龟、金头龟等,具有很高的食用与药用价值,可出口创汇,是发展前景好的淡水龟。

一、龟池的建设

在进行金钱龟养殖时,应将幼龟、成龟和亲龟分池饲养,可避免大龟吞食小龟,同时也便于确定饲料投喂量和饲养管理工作的进行,便于观察和掌握各类龟的生长和活动情况。

1. 幼龟池

幼龟池一般都是用水泥池来饲养的,幼龟池宜建在向阳避风的地方,池子的大小以 5 平方米为宜,根据经验,1 平方米的室内水泥池可放养 30 只的小金钱龟。

水泥池一般为长方形,池底和四壁铺以米黄色或湖蓝色釉面瓷砖,便于打扫和保持清洁,在距池子 1.5 米左右处建围墙以防金钱龟逃跑。在水池中央可以建一个小岛供金钱龟活动、栖息、摄食和产卵用,从水泥池中央到岸边要有一定的坡度,以方便金钱龟的攀爬,在池子中央可栽种一些植物遮阴,以利于夏季降温防暑。

2. 成龟池

金钱龟的成龟池宜选择泥沙松软、背风向阳、水源充足、不易被污染、僻静而有遮荫的地方建池,池子既可以用水泥池,也可以用小土池,无论是哪种池子,都必须修建防逃墙,墙基深 70～80 厘米,墙壁须光滑,并且在池子的进、出水口处设置铁丝网,以防龟逃跑。同样地,也需要在池子中央设立一个小岛供金钱龟活动、栖息、产卵所用。池底的一端底面要做成 15°的倾斜,深端蓄水深度 35 厘米左右,并安装排水口。在池子四周的空地上和小岛上适当栽种一些花、草及小灌木等,以供龟遮荫、栖息。在放养金钱龟后,还可在池内无规则地放置一些遮蔽物,以模拟野外的自然环境,让金钱龟在安静舒适的状态下生长。

3. 繁殖池

繁殖池的建造与成龟池基本上是一样的,而且这两者本身就可以通用,平时繁殖池也可作为成龟池使用,到繁殖期才将成龟移走,这样可提高池的使用效率。为了提高亲龟的繁殖率,繁殖池应尽量保持安静。在产卵期间,池周围的沙土要保持湿润而不积水;如逢干旱,要适当淋水以保持沙土湿润。

二、养殖池的消毒

放养金钱龟前,用浓度为 100 毫克/升的漂白粉水溶液彻底消毒养殖池 12 小时,然后把药液排出池外,并用清洁水冲洗干净养殖池内的残留药液。

三、幼龟放养

选择人工繁殖并经过培育的平均体重在 30 克以上,活泼、健康、反应快、体质好的金钱龟幼龟,放养密度为 7～10 只/平方米,体重 100 克以上的可放 3～5 只。同一养殖池要求放养规格基本相同的幼龟,且一次放足,同池养殖至成龟上市。

四、科学投喂

1. 金钱龟的饵料

营养条件是对人工养殖金钱龟影响很大的因素之一。金钱龟食性较广,是以动物性饲料为主的杂食性动物。野生时,主要摄食陆生昆虫、小节肢动物、蚯蚓、鱼虾、螺、蚌等,偶尔也吃食植物茎叶。人工饲养可投喂蚯蚓、小鱼虾、碎贝肉、螺、蚌和禽畜内脏等动物性饲料,也吃米饭、面条、谷类、玉米或瓜果等植物性饲料。此外,还可在饲料中适当添加多种维生素、微量元素和钙,以保证饲料的营养成分全面,避免金钱龟生长发育不良,或产生厌食症。

2. 定时投喂

金钱龟的摄食活动与温度直接相关:水温低于20℃时基本不摄食,24℃时才摄食,所以它的摄食量会随季节变化而增减。每年5～11月是金钱龟的吃食期,6～9月是它的旺食期。另外,定时喂食可以使金钱龟养成良好的进食习惯,有规律地分泌消化液,促进饲料的消化吸收,有利于金钱龟的生长发育。根据金钱龟的生活特点,春、秋季节应在中午前后投喂饲料,夏季应在下午17～19时投喂饲料。

3. 定量投喂

新购或新捕到的金钱龟应该按体重大小分池饲养,这样可以投给不同量和质的饲料，以便发挥其最高的生产能力，能保持金钱龟健康的体质。金钱龟在 7～9 月的增重最快，所以 3 个月应该供以充足的营养物质，让其多吃快长。金钱龟每天的摄食量为龟体重量的 5%～10%。要根据实际吃食情况随时调整，每次投喂量以投喂后 1 小时内吃完为度。

在不同的季节和金钱龟的不同生长阶段都应酌情增减。在临近冬眠期时应增加投喂量，在金钱龟的交配期之前及交配期，应喂以富含蛋白质且易于消化的饲料以及维生素 A、维生素 D、维生素 E、维生素 K 等，让亲龟产生高质量的生殖细胞，从而提高受精率和繁殖率。

4. 定点投喂

投喂的饲料应放在饲养池外的饲料台上，这不仅便于金钱龟取食，而且便于饲养人员了解金钱龟的摄食情况，由此酌情增减下一次的投喂量，同时还便于打扫食物残渣，预防饲料腐败变质。

5. 定质投喂

投喂的饲料一定要新鲜，不能用腐败霉臭的饲料，以免污染饲养池的水，使金钱龟患病。金钱龟最喜食动物性饲料的瘦猪肉和植物性饲料的香蕉，投喂时要将饲料切碎。

五、调节水质

金钱龟养殖可选择洁净的江河水、水库水，井水、自来水为水源，但井水和自来水最好在室外蓄水池中暴晒2天以上再使用。

金钱龟养殖过程中，需依靠换水来调节水质。夏秋季气温较高时，龟的爬动活跃，食量增大，体内排泄物增多，易使水池污染。因此，浅水龟池应每天早、晚两次排放池中污水，更换清水。较深的水池，水质清晰浅绿，池水透明度25厘米以上为佳。如发现池水浑浊、水面冒泡，要及时更换1/3~1/2池水，并在1/4水面遮光降温。冬春季气温较低时，2~3天换水1次，换水量为全部池水的1/2，并注意调节水温与原池水一致。

六、分级饲养

金钱龟也要按不同年龄、不同规格分级分池饲养。刚孵出的稚龟身体幼嫩，活动能力弱，要在室内小池中专门培育。培育稚龟主要投喂煮熟捣碎的蛋黄和小鱼虾肉等细嫩新鲜的高蛋白饲料，日投喂量为稚龟体重的3%左右。待龟渐渐长大后，就要及时分池饲养，可转入幼龟或成龟饲养阶段。

七、光照管理

每天对龟保持2小时的阳光照射，这对龟的生长和病防治起着良好作用，但炎热的暑天，应避免防光直射，搞好降温和通风。

八、冬眠期管理

金钱龟也需要冬眠，当气温下降至 15℃ 以下时，金钱龟便潜伏池底泥沙处，不食不动，处于冬眠状态。冬眠时的金钱龟新陈代谢很慢又弱，此时不需投喂饲料，也不需换水。但当气温降到 6℃ 以下时，则要采取人工保温措施，以免金钱龟被冻死，同时也要注意防止金钱龟的天敌危害。

第六节　绿毛龟的培育

绿毛龟是名贵药用兼观赏动物，它并不是分类学上的种类，而是黄喉水龟、翠龟等背上附生基枝藻后形成的龟类的通称，是水栖龟类和藻类的一种偏利共生体。

随着人们生活水平的提高，对龟类的欣赏水平也越来越高，绿毛龟作为一种特殊的珍奇观赏龟类，越来越多地受到人们的喜爱，需求量逐年上升，价格也越来越高。但是天然的绿毛龟数量是非常少的，远远满足不了市场的需求，因此人们已经有意识地开展绿毛龟培育的人工养殖了，也取得了一些成绩，尤其是近年来，由于人工接种丝状绿藻获得成功，使绿毛龟的饲养发展很快。

绿毛龟的养殖具有投资少、占地小、收益高、市场认知度广的优势，是一种非常有发展前途的龟类养殖方向。

一、绿毛龟的绿毛形成机理

1. 藻类的来源

绿毛龟的"绿毛",并不是龟自己身上长的绿色的毛发,实质上是附着于龟体的一种绿色丝状藻类,这种藻类主要隶属于绿藻门、绿藻纲、刚毛藻目、刚毛藻科的一些种属,我们用于培育绿毛龟的藻类主要是基枝藻属的基枝藻、龟背基枝藻等。

2. 绿毛的形成过程

在自然界中,这些基枝藻生活在有淡水环境的河流、溪涧、湖泊、水沟、池塘、堰坝中,并喜欢在富含钙质的基质上固着,而一些生活在这些水体中的龟就具备了这些藻类需求的环境,例如这些龟也喜欢在湖泊、河流、溪涧中生活,而且也喜欢这些水体有一定的微流水,溶解氧丰富,更重要的是这些龟背上本身就是富含钙质的,加上龟的爬行非常缓慢,这些条件为藻类的寻找目标和固着提供了极佳的机会。因此,在一定的光照、水温、水质等条件下,这些藻类就会产生带有 4 根鞭毛的游动孢子,游动孢子就借助鞭毛在水中不断地游动,当它们在游动的过程中,遇到富含钙质的龟背时,就会立即停下来并固着在龟背上,在条件适宜时就会继续发育,生出丝状体,从而长出鲜亮美丽的"绿毛"来,这就是绿毛龟的绿毛形成过程。

二、培育场所

培育绿毛龟与普通龟类养殖还是有一点区别的，首先是绿毛龟的培育主要是进行水龟培育，基本上与陆龟没有关系，因此培育场所的环境最好要与水龟的栖息环境相类似，比如要求环境安静、通风向阳、进排水方便等都是基本要求；其次就是场所要适宜基枝藻在龟背上固着，因此光照和温度需要能人工控制，尤其是夏季需要人工搭建遮阴设备，充分满足基枝藻对光线的需求；再次就是要注意培育的绿毛要干净清洁，有一种亮丽的感觉，而不是浑浊的感觉，因此对环境的空气质量、水体质量也有一定的要求。

在进行家庭人工培育绿毛龟时，南向的阳台、窗户是首选的场所，另外庭院的角落也可以考虑作为培育的场所。如果是进行规模化培育时，需要建立一个养殖场时，一定要有围墙，防止龟的逃跑，场地的地面要求平整，培育场上方也要搭建遮阳设施，到了冬季时需要建设一个小型的温控设施，能促进基枝藻类的继续发育。

三、培育设施

培育绿毛龟的容器可用玻璃缸、陶瓷缸、塑料桶、水族箱等，要求这些容器的内壁光滑、容量较大，为了便于观察绿毛龟的生长情况和绿毛的长势，有时也是为了方便对绿毛进行梳理，我们建议还是使用水族箱比较好，这是因为水族箱的透光性能好，便于人为观察，而且龟体的受光比较均匀,有利于绿毛龟的各个部位能均匀地长出绿毛来。

四、龟种的选择

1. 培育绿毛龟的适宜龟种

龟种就是用来培育绿毛龟的基龟,培育绿毛龟并不是所有的龟种都可以用:首先它必须是水龟,因此那些陆龟就不用考虑用作龟种了;其次并不是所有的水龟都适宜培育绿毛龟,根据长期以来人们在自然界采集的野生绿毛龟和人工培育的绿毛龟来看,目前以乌龟为基龟培育出来的绿毛龟最普遍,以黄喉拟水龟为基龟培育出来的绿毛龟为最正宗的绿毛龟,而以眼斑水龟、四眼斑水龟、平胸龟、金钱龟等为基龟培育出来的绿毛龟最为名贵,价格也最高,当然这类绿毛龟的培育技术也最难。

2. 龟种的来源

用来培育绿毛龟的龟种来源主要有 3 类:第一类是从自己培育的小龟中进行选育,这对于一些龟类爱好者或是规模化养殖场来说,有比较优势,可以从刚孵化的龟中就有意识地进行定向培育;第二类就是从一些大型养殖场进行挑选并购买那些人工繁殖的幼龟,然后再回家进行驯化并培育,这种龟种的投入是比较高的,但是质量相对来说也能得到保证;第三类就是从市场上进行购买,在购买时要做好两个工作:一是要购买无病无伤残的龟,尤其是一些钓捕或药捕的龟是不宜选购的;二是在购买时要认识鉴别,市场上的龟种类比较多,要购买适宜培育绿毛龟的龟种。当然在龟种购买回家后,也要进行人工驯养后才能用于绿毛龟的培育。

3. 龟种的质量

为了确保绿毛龟的培育能顺利进行,在选购龟种时一定要加强质量鉴定,主要是从以下几个方面进行考虑:

一是龟种的健康状况,要求龟种头部有金黄色彩,龟板、皮肤有光泽,四肢有力,无伤、无病的个体。可以在现场进行人工测试,就是用手使劲地拉龟的四肢时,龟会有强烈的收缩感觉,这种收缩力度越大,说明龟的质量越好,身体越健康。

二是看龟对水的亲和度,绿毛龟培育用龟都是水龟,因此它们对水的亲和度要强才行,在选购时,可将龟放在一盆清水中进行观察,如果龟能很快潜入水底并长时间沉于水底的话,这种龟的质量就是优质的,可以选用,否则就不宜选用。

三是看龟的大小,一般是选用 100～300 克的龟作种龟,如果种龟太大和太小,在培育绿毛龟时都难以达到效果。

4. 黄喉拟水龟

在我国,用来培育绿毛龟的主要是用黄喉拟水龟作为基龟,这是由于自然界中捕获的黄喉拟水龟常带有丝状绿藻,因此人工培育绿毛龟一般选用黄喉拟水龟作种龟。黄喉拟水龟头小,头顶平滑无鳞,头侧眼后到鼓膜有两条黄色纵纹。头腹甲、喉部呈黄色,每一盾片外有大墨渍斑。繁殖期为5~10月,6~7月为产卵高峰期,每次产卵2~7枚。以鱼、虾、蚯蚓、河蚌、畜禽内脏等动物性饵料为主,以瓜果、蔬菜、谷物等植物性饵料为辅。

五、藻种的选择

用于人工培育绿毛龟的藻种是基枝藻属的基枝藻、龟背基枝藻等,经过试验,我们认为用龟背基枝藻来培育绿毛龟效果更好,接种更易成功,而且也能培育出质量好、漂亮美观的绿毛龟。

六、人工接种

1. 接种季节

培育绿毛龟的接种时间以春季为好,要求养殖池的水体温度达到18~25℃时为宜,这个时候进行接种,由于温度适宜加上饵料充足,接种后的孢子更易着生并萌发,藻体生长速度快,培育的绿毛龟质量好。在冬季和夏季都不宜接种,这是因为夏季温度太高,培育水体易受杂藻的污染;另一方面龟池的换水过于频繁,加上龟的活动旺盛,不利于孢子的着生。而在冬季的温度低,藻类细胞几乎停止发育,极不利于藻类的着生。

2. 接种前的准备工作

一是藻种的准备，要求用人工培育或从溪流中采集到的龟背基枝藻，把 10 厘米以上的藻类用刀切成 2～4 毫米长的碎段，碾碎，然后将碎藻装入纱布里，浸在水中挤压出的黄绿色汁水即为基枝藻细胞培养液。1 公斤基枝藻鲜体制成 60 升的培养液。

二是龟种的准备，龟种在接种前喂饱，正式接种前 3 天停食，用钢丝刷将龟指刷干净。

3. 接种方法

将 1 只种龟放在 2 公斤培养液的玻璃缸中，适宜的水量是以淹没龟背 3 厘米左右为宜，然后将盛龟容器放在半阴半阳处，不喂食，不换水，如果容器底部有污物时，这时可用虹吸的方法将污水吸走，同时添加等量的新鲜水。20 天后给龟喂 1 次瘦猪肉，龟体污物半月清洗 1 次，清洗时，用手捏住龟的体侧，使龟背朝下浸入清水中轻轻漂洗数次，然后放入原容器中，以后每 5 天左右清洗 1 次。在适宜的温度条件下，大约 35 天可见龟背上有绿毛着生，然后就按正常的投饵管理加强管理，当龟背长出 1～2 厘米的绿毛时就可放入清水中培养。

七、饲养管理

1. 投饵

为使龟体健康生长,要多喂鲜活动物饵料,如昆虫、小鱼虾、螺蛳、蚌等,也可辅以新鲜蔬菜、瓜果、米粒、饭粒、黄豆、浮萍等。投喂应视龟的摄食状况灵活掌握。做到定质、定量、定时、定位。夏天每1～2天投喂1次,时间在下午6点投喂,春秋气温低,可以每3～5天投喂1次,投喂时间在下午3点左右。

2. 水质管理

一是水源的准备,绿毛龟培育用水以井水、泉水为好,如使用自来水,先在蓄水池中暴晒。

二是水质的监管,绿毛龟生活在较小池水中,水位浅,水温高,残饵和粪便极易使水质恶化,造成水体缺氧,同时也会产生氨气、硫化氢等有毒气体,因此水质管理是关键环节。经常注入新水,改善水质,水池中培植水浮莲,可以给绿毛龟提供一个隐蔽的栖息地。

三是注意水温的调节,在盛夏,每天上午10点加盖竹帘遮阴,通过换水调节水温。每2天换1次水,冬季在温室中饲养,加温在当年11月至次年3月进行,使水温保持在26℃左右。换水时应保持温度一致,先用吸管吸出底层污物,换一半水。

3. 光照管理

光照是龟及绿毛生长发育所必须的条件之一，光照要适宜，过强和过弱都不利于龟背基枝藻的着生和发育。在光照合适时，基枝藻生长正常。因此在夏季光照过强时，可采用遮阴设备，同时也要考虑将龟移到室内养殖。在冬季光线较弱时，可考虑用日光灯照明来补充光照，灯光距离水族箱1米左右，每日照射8～12小时。

4. 温度控制

和所有的龟是一样的，适宜的温度对基龟的生长以及绿毛的萌发生长是非常有好处的，因此温度控制也是绿毛龟培育中需要注意的重要一点。在夏季温度过高时要降温，冬季温度过低时最好不要让绿毛龟进入冬眠，可考虑人工升温等措施，将温度控制在适宜的范围内。

5. 绿毛的清洗、梳理和修剪

要想获得美好的观赏效果，让绿毛龟形成一种飘逸俊朗的美感，就要做好对绿毛的清洗、梳理和修剪工作，在清洗时可用柔柔的小毛笔轻轻梳洗龟背，从而除去绿毛上沾染的污物，当绿毛长到5厘米左右时，可用木制梳子或塑料梳子轻轻从龟头到龟尾梳理绿毛，要记得动作要缓、轻、柔，不能扯下绿毛，也不能折断绿毛，在梳理的同时也要对一些长势不好的或是打结成团的绿毛进行细心修剪。

6. 病害防治

    绿毛龟在培育期间由于饲养管理不当,人工饲养的绿毛龟也会生病。主要因为池水有机污染严重,致病菌繁殖导致绿毛龟抵抗力下降。为了防止"绿毛"参差不齐,应做到控温透风,用50毫克/升漂白粉对池水、工具、玻璃缸消毒。为了防止冬季发病,应在饵料场附近设置药物挂篓,并采取保温措施。总之,绿毛龟病的生态预防是"治本",药物治疗是"治标",坚持"标本兼治"的原则,贯彻"防重于治"的方针,才能使绿毛龟减少应激,健康快速生长。

第八章　龟的繁殖

第一节　龟的繁殖习性

一、繁殖时间

龟的繁殖时间一般是在每年的 4～10 月。4～5 月是交配时间,5 月中旬至 10 月是产卵期,其中 6～7 月是产卵高峰期。

二、雌雄交配

天刚黑时,在水边,可见到雌雄龟在相互追逐。一般是一只雌龟后面紧跟 2 只左右的雄龟,开始雄龟用各种方式挑逗雌龟,待到一定时机,雄龟便腾起身扑到雌龟身上,若雌龟不动时,便开始交配。交配时间一般在 5～10 分钟,精子在雌性体内能存活半年左右。

三、产卵场所

所有的龟类动物都是卵生,卵产在陆地上,产卵时间在黄昏后至黎明前进行。

四、产卵行为

首先是选择好产卵场所，一般选择在土质疏松的沙土地带，土壤含水量在10%左右。其次是挖洞藏卵，产卵前，龟用后肢挖掘8～20厘米深的洞穴。再次是产卵，表现为龟夹紧尾巴，进入卵穴，一个接一个地产卵。龟产卵时，若受惊动也不爬动，直到产完卵为止。产卵的数量与龟的种类、雌龟年龄有关。最后就是产卵后的掩埋工作，产卵后，龟仅用后肢扒沙，将卵掩盖，离开产卵地。根据龟友的长期观察和科技工作人员的科研表明，整个产卵过程约需8小时，挖洞、产卵、掩土的时间比约为6：1：3。

五、龟卵的自然孵化

在自然界中，龟卵的孵化完全是依赖于太阳和沙土的温暖。

六、孵化期

一般孵化期需55～110天。但是不同的龟，它们的孵化期还是有一定差别的，例如黄缘盒龟的孵化期为75～90天；黄喉水龟的孵化期为66～82天；而中华花龟的孵化期则为60天左右。就是同一属的龟，它们的孵化期也因品种不同而有一定差异，例如同为闭壳龟属的潘氏闭壳龟的孵化期为60～65天，而三线闭壳龟的孵化期则为67～90天。

第二节　亲龟的选购

一、雌雄的鉴别

1. 从形态特征上判定

一些成年龟类的雌雄可以从形态特征上来进行判定，如体色上、眼斑色彩上会有一些区别，这类龟主要有彩龟、乌龟、粗颈龟、眼斑拟水龟等。

2. 从尾部特征上判断

许多龟友经过长期的经验，认为从龟类尾部特征上可以判断龟的雌雄，这些尾部特征包括尾部的粗细、尾部的长短以及肛门所处的位置等。如果龟背甲较长且窄，腹甲中央略微向内陷，它的泄殖孔位于背甲后部边缘的外面，尾的基部较粗且很长的龟则为雄性；或用手指按压龟四肢使其不能伸出，其生殖器官会从生殖孔中伸出，即为雄龟；如果龟背甲较短且宽，腹甲平坦中央无凹陷，它的泄殖孔位于背甲后部边缘的里面，没有突出于背甲外缘，尾的基部较细且短小的龟则为雌性。或用手指按压龟四肢使其不能伸出，泄殖孔分泌出液体，即为雌龟。可以从这个特征来区分的龟主要有海龟类、黄缘盒龟、花龟和斑点池龟等几种。

3. 从腹甲特征上判断

一些成体雄龟的腹甲中央有明显的凹陷,而雌体龟类则没有这个特征。可以从这个特征上区分的龟主要有安布闭壳龟、黄喉拟水龟、亚洲巨龟、果龟、印度陆龟和缅甸陆龟等。

4. 从体形大小上判断

对于大多数同年的成年龟,雄龟体形较薄而小,雌龟体形圆厚且大。

二、决定龟雌雄的因素

根据科研表明,决定龟雌雄的因素是龟卵孵化期间的环境温度,比如红海龟,如果雌龟把龟蛋生在 30℃ 左右的沙土中,那么孵化以后雄龟和雌龟的比率各为 50%。如果雌龟把蛋生在温度较低的阴凉沙土中,龟蛋孵化以后雄龟更多一些。相反,如果雌龟把蛋生在日照的沙土温度高的地方,龟蛋孵化之后雌龟就更多些。因此我们在进行龟的人工繁殖时,可以利用这种特点,但是每种龟的具体温度标准,目前并没有深入开展研究。

三、亲龟的选购

实践表明,亲龟的个体大小、年龄、体质与产卵的数量与质量密切相关,因此在繁殖前就要选择好亲龟。

一是要选择性成熟的龟作亲龟,性成熟的龟除了与品种有关外，还与生活环境有密切关系。一般热带龟宜选择3年左右的作为亲龟；寒冷地区选择6年左右的龟，其余的选择4～5年的作为亲龟就可以了。

二是选择合适的体重，根据观察，一般体重300克的龟已经性成熟，可以作亲龟了，但为了提高产卵率和受精率及孵化率的目的，我们还是建议雌亲龟宜选择400克以上的龟作亲龟，雄龟可以选择300克的龟。

三是选择健康的龟作亲龟，首先要求龟体无病、无伤、无污物、体色正常，无浮肿感。其次是活动力强，反应敏捷，四肢灵活。再次是龟体表无寄生虫寄生。最后就是要求亲龟的体质优良，外型正常、活泼健壮。

四是选择正确的雌雄并做好合理配比，最适宜的雌、雄比例为3∶1～2.5∶1。

还有一点要注意的是为了加强亲龟的适应性，最好是用自己经过培育留下的龟，如果是用从市场收购的龟作亲龟，宜在夏秋季节进行购买。

第三节 亲龟的培育

一、培育场地

亲龟的培育场地要求安静、清洁，水源来源方便，水质无污染。亲龟饲养池选址尽量安排在安静、向阳、避风处，特别要避免附近有突发巨响，如靶场、开山炸石、飞机场的突发巨响会影响其产卵。面积不宜太大，1～3亩即可，水深控制在 1.2 米以内。有浅有深,浅水处占一半以上,水深要求在 20 厘米。

二、清池消毒

在亲龟入池前,要对培育场地进行清池消毒,对池塘可用生石灰带水全池泼洒,用量是每亩 120 公斤。如果是新池,最好补充一些沙土。对水泥池,在使用前要用硫代硫酸钠进行去碱处理。

三、放养比例

亲龟的放养密度不宜太大,每亩控制在 500 公斤以内。雌雄比例为 3∶1 比较合适。如果池中雄龟强壮、体型大,数量可少些,反之应增加雄龟数。如发现池中雌龟背甲有较多爪痕抓伤,说明雄龟数过多。

四、放养密度

一般 1 平方米的水体放养 1 只亲龟。

五、饵料投喂

要使亲龟性成熟早、年产卵次数多、卵数量多、卵质量好,在很大程度上取决于饲料条件。

1. 饵料种类

亲龟培育时饵料要求新鲜、优良、营养丰富,常用小鱼、小虾、泥鳅、蚯蚓、河蚌、螺蛳、黄粉虫、家畜家禽的内脏、米饭、蚕蛹、豆饼、麦麸、玉米粉等，这些都是龟爱吃的食物。动、植物性的饲料的比例为 7：3。在天然饲料缺少的地区可喂人工配合饲料。

2. 投饵量

开春后，当水温上升到 16～18℃时，开始投饵诱食，每隔 3 天用新鲜的优质料，促使亲龟早吃食。水温达 20℃以上时，每天投喂 1 次，鲜饵料投喂龟体重的 5％～10％，商品配合饲料投喂体重的 1％～3％。

3. 投饵技巧

产卵前、产卵期间要多投蛋白质含量高、维生素丰富、脂肪含量低的饲料。按照"四定"原则进行投饵，一般上下午各投饵 1 次，投饵量按龟体重的 10％投喂，以 2 小时内吃完为宜，为了便于观察龟的吃食情况和掌握龟的健康状况，可将饵料定点在食台上。

六、水质管理

水位要求不能太深，以 25 厘米左右为宜，水质要求肥而带爽，保持中等肥度，水色以淡绿色或茶褐色为佳，透明度 25～30 厘米，经常注入新水，保持龟池的清洁卫生，减少蚊虫，并要定期进行药物消毒。冬眠和夏眠期间的水位应控制在 1 米左右。

每月用生石灰 25 公斤化水泼洒 1 次，以达到调和水质、预防疾病的目的。

七、产后管理

为了促进雌龟在产卵后能迅速恢复体质,确保来年性腺发育良好,加强产后管理是必需的,产后管理主要抓好以下几点工作:一是加强投喂,多投喂含蛋白质、脂肪较高的动物性饲料;二是对产卵过程中受伤的龟加强治疗;三是环境卫生要到位,减少外来病源的侵袭。

第四节　龟卵的孵化

一、亲龟发情期的管理

亲龟发情期的管理很重要,主要是做好以下工作:

一是提供充足的蛋白质饵料,为了满足产卵的营养需要,必须定时、定量、定点供应螺、蚌和小鱼虾等动物性饲料。

二是提供并整理合适的场所供龟发情、交配、产卵,产卵场也是龟的晒背场。产卵前应铲平卵场,铺上 40 厘米厚的新鲜细沙,并保持湿润。

三是搞好水质管理,不能有污染现象。要保证亲龟池水无污染,肥度适中,每星期换水 1 次,换水时应留存原池水 1/10。

四是保证龟池安静。亲龟在交配产卵时极怕响动干扰,要保持安静。在亲龟发情时,要减少不必要的人为行动。还要清除养龟场内的天敌,以减少干扰和避免天敌危害。

五是加强观察，一旦发现龟有发情现象要及时处理。

六是增加光照时间。增加光照时数，可提高产卵量，故应在亲龟池上面安装电灯。晚上点灯，既可诱虫供龟食，又可增加光照时数，一举两得。

二、龟卵的收集

1. 寻找龟卵

雌龟在产卵时有扒土、挖穴的习惯，产卵处沙土比较湿润，周围有产卵后离去的踪迹，活动范围达 200 平方米左右，可根据这些痕迹来寻找龟的产卵巢。

2. 准备收卵工具

收卵箱可以用木头自制，长 50 厘米、宽 35 厘米、高 10 厘米为佳，并在箱上安一手提环。箱底部打几个滤水孔。收卵时在箱底铺一层细沙，厚度为 2 厘米。同时应准备 2 根长 20 厘米、宽 2 厘米、厚 0.3 厘米的竹片，一根做开洞拨沙的工具，把另一根做成两头弯成一处的取卵的夹子。

3. 龟卵收集时间

在整个生殖季节，应每天检查产卵场并收集龟卵，检查时间以太阳未出、露水未干时为宜。如果发现亲龟已产卵，要将洞口用泥或其他东西盖好，不要随意翻动或搬运卵粒，待产出后 30～48 小时，其胚胎已固定，动物极（白色)和植物极(黄色)分界明显,动物极一端出现圆形小白点,此时方可采卵。

4. 挖卵

挖卵前,应先将收卵工具、箱子清洗干净,收卵人员换上干净鞋子后进入产卵场,在找到龟的产卵地后,在日出前产卵处湿土未晒干时,根据标志依次用钝口竹片慢慢地翻松卵穴取出卵,逐个擦去卵壳外面的污土放入容器内即可。一般先底铺一层 2 厘米厚的细泥沙,沙上放一层卵,卵上再盖沙,如此反复可放 4～5 层。收集龟卵后不要存放过久,并注意保湿,可用湿毛巾盖好。收卵完毕,应整理好产卵场,天旱时适量喷些水,便于龟再次产卵。每一天产的卵和收的卵都要用不同颜色的竹片做好标志,以便孵卵时加以分别。

三、龟卵的孵化

1. 验卵

龟的受精卵,卵壳光滑不沾土,未受精的卵大小不一,壳易破碎或有凹陷,并沾有泥沙。也可将其对着光线观察,卵壳上有白点,边缘清晰圆滑,卵粒色鲜而壳呈粉红色或乳白色,大而圆,即为受精发育良好的卵。内部混浊不清或有腥臭味的为坏卵,壳顶上看不到白点,颜色基本一致,为未受精卵。壳顶上白点呈大块不整齐白斑,是发育不良的卵。坏卵、未受精卵、发育不良的卵、畸形卵、黑斑卵及破裂卵均不能用于孵化。

2. 孵卵

（1）龟卵的自然孵化

自然孵化也有两种方法。其一：在亲龟池向阳的墙脚下挖20～40厘米宽、20厘米深的沙坑，然后用黄沙将坑填平，将龟卵按1厘米的距离，排在沙土里，保持一定的湿度，由太阳照晒增温，50～60天时间即出稚龟。其二：在亲龟池周围堆若干个小沙堆，让成熟的种龟夜间爬上岸，在沙堆处挖穴产卵，任其自然孵化，50～70天即出幼龟。

（2）龟卵的人工孵化

常见的人工孵化设备有以下几种：一是室外孵化池；二是室外孵化场；三是室内孵化池；四是其他孵化设备，如地沟孵化池、木制孵化箱、改进的恒温器作孵化器等。龟友应根据具体情况灵活掌握，以最方便、最实用为原则。

孵化时先在容器底部铺上20厘米厚的细沙，湿度以手能捏成团放开即散为宜，然后在上面放2层龟卵。卵放置时动物极（即卵壳半透明的一端）朝上，在卵上再盖5厘米厚的细沙，孵化器皿置于房内，要经常测定和调节温度，使温度保持在28～32℃，不得高于34℃，不得低于26℃。同时每天洒水1次，使沙保持湿润，沙子含水量最好控制在7％～8％，空气湿度最好控制在80％～85％，湿度的检查方法是用手轻轻扒开沙子，观察含水沙层离表面的深度。如果直到靠近卵才出现湿润沙层，则用喷雾器在沙子表面喷水，使细沙层（5～6厘米厚）略带湿润即可，一般2

～3 天洒水 1 次。一般经过 60 天左右的时间就可孵化出稚龟来。幼龟啄破蛋壳后，可能仍会留在蛋壳中，直到卵黄囊吸收完毕。

第九章　龟的捕捞与运输

第一节　龟的捕捞

一、钓捕

用鱼钩即可,钓饵以动物肝脏、蚯蚓、螺蛳肉较好,装好饵后,将钩放到水底处。龟嗅到饵料的气味后即可上钩。钩捕的方法还有针钓、甩钩钓等。

二、犬捕

犬对龟的气味有特殊的记忆力和分辨能力,只要先对犬进行这方面的强化训练即可,当附近有龟时,犬会大叫,并用前爪不停地抓泥,就可判断此范围内有龟。

三、光照

6～8 月份龟在产卵期间,对光不很害怕,此时用手电筒或其他灯光照捕即可容易获取。

四、陷井捕龟

陷井可设在池塘、水库、水坝的排水道边，这些地方往往是龟的主要通道，陷井可用大口坛或小水缸，将坛或缸埋在排水道中间，将缸口与泥土抹平，夜晚当龟往外爬时，就会掉进陷井被获。

五、网捕

在龟的摄食及繁殖季节，采用普通鱼丝挂网，龟接触丝挂网后容易被缠缚而难以逃脱。在放网时要注意龟的行踪，以拦截龟的过往水域的效果为佳。

六、龟叉捕捉法

这是我国劳动人民在长期的劳动过程中发展起来的一种特殊的渔具，前面是 4～8 个铁齿，叉齿长约 11 厘米，中间较粗、叉尖较锋锐，叉柄连接在木柄上。此法利用冬季龟在池塘、湖泊、河川水底泥沙中冬眠的习性，用龟叉戳捕。捕龟者坐在船上，用龟叉插入到泥沙中进行逐块探测，根据手感和"咚咚"的闷响声确定叉到龟时，再借助于取龟钩将龟捕获起来。

另外还有探测耙捕龟法、药物醉捕法、鱼篮捕龟法、摸龟法等多种方法。

第二节　龟的运输

　　活的成体龟运输是保证商品质量、调节市场供应和进行外贸出口的一项重要工作，作为幼龟和亲龟，它们的活体运输还是传输苗种、扩大养殖基地的主要手段。我国活体龟运输已进行多年，根据不同季节特点，各地积累了较丰富的运输经验。

一、运输工具

1. 运输桶

　　运输桶为椭圆形的木桶，长约 80 厘米，宽约 50 厘米，高约 40 厘米，桶底有数个滤水孔，每桶可装运活龟 18～25 公斤，适于短时间的运输。运输桶也可用塑料制成，装载量根据容积而定。

2. 鱼苗桶

　　龟种一般可用鱼苗桶带水装运。桶内水深 10～20 厘米，装相同规格的龟种 5 公斤左右，然后在上面盖上防逃网，如路途运输时间较长，要注意常换水。在冬眠阶段运输不必装水，但要做好防冻保温准备，以防途中冻坏。

　　龟种也可用湿法运输，方法是在鱼苗桶内铺一层水草，给水草淋上一些干净的水，将龟放入其上，再覆盖水草，再淋水，如此可装 3～4 层，这种方法适宜于数小时的短途运输。

3. 低温运输桶

低温运输桶是一种适于在高温季节的运输工具,这一椭圆形木桶,其长宽规格与运输桶相似,但其桶身高为55厘米,桶底较深,主要目的是为了隔开装冰用的,底板有出水孔数个,另外在离桶底约 1/3 处用木条制成隔板,将木桶分割成两层,下层可装活龟 20 公斤,上层可装冰块15公斤左右,在桶内起降温作用,使龟处于人工冬眠状态。

4. 活龟箱

活龟箱是一种高温季节的包装工具,由木板或白铁制成,大小规格可根据需要而定。箱底周围有出水孔,中间可嵌放大小不同的格板,其格子规格大小以每格放一只活龟为好,格底铺一层水草,上面再铺 5 厘米细沙,细沙上面再铺一层水草,再盖上箱盖。也可以几个叠在一起,在最上面放上冰块,冰水由第二层一滴滴地滴到底层,起到降温作用。

5. 蛋篓

是冬季和早春使用的一种代用包装工具,一般为竹蔑制成的筐,其上口稍大,边长 40～45 厘米,下底稍窄,边长33～38 厘米,高约 36 厘米,空篓可相互重叠,装运时用水草垫底后,装活龟 1 层,再填塞水草 1 层,直至装满。然后淋水、加盖。 一般每篓可包装 5 层活龟,重约

233

20公斤。

6. 布袋

把单个的龟装入大小合体的小布袋中,装袋前先使龟的头、脚缩进甲内。装后且线缝牢袋口,装入木箱或竹篓内,淋水湿润,途中也不断淋水。如把这种袋装龟再装入分格的木箱内则更好,这种运输方法可运输很长的时间。

7. 运输箱

采用湿润法运输龟,首先要制作好运输箱。制箱材料为杉木板与聚乙烯纱窗。运输箱为多层盒式,一般为4～5层,每层尺寸规格为45厘米×35厘米×10厘米。盒的四周用木板围成框,盒底装钉25目的聚乙烯纱窗,盒与盒之间备有镶嵌槽,可供多盒叠层。箱的顶部备有纱窗箱盖,方便途中洒水和空气对流。为了便于通风透气,每盒的四周木板上有孔径为0.6厘米的圆形小孔5～7个。运输箱的各层木盒,做工要求精致,相互套装严实,不让龟从盒内爬出。这种运输箱适宜运输稚龟和幼龟。

8. 塑料箱

塑料箱可用食品工业用周转箱代用,规格一般为60厘米×40厘米×15厘米,箱底和四边均有通气小孔,运输时数个叠放,可以提高运输车的装载量,充分利用车厢空间。运输前,先在塑料周转箱的底部铺上一层水草,放龟后再铺上水草,其上淋一些水,运输途中每隔5～7小时淋水 1 次,保持一定的的湿度。

9. 湿沙运输

运输前,先根据所购龟和数量合理安排运输工具。运输龟苗种时,一般每公斤需细沙 8～10 公斤。装运前,在运输车厢的底部或浅木箱里铺一层草袋,草袋上铺细沙,装运中龟种会自动潜入湿沙中,然后,再用湿草袋覆盖沙面,上面用网衣笼罩,以防龟种爬出草袋逃逸。一般情况下,运输途中龟种潜伏湿沙静止不动,如有个别爬到草袋上,应将其再放到草袋下。注意间隔一段时间淋水 1 次,以保持草袋、沙层有较高湿度,有利于提高存活率。到达养殖场后,用手慢慢挖掘沙层,轻轻将龟种逐个拣出。

二、龟的运输方法

活龟的运输分短距离运输和长距离运输两种:几小时到 3～4 天时间的运输称为短距离运输;1 个星期以上时间的运输称为长运输。短距离运输,方法简单、管理也方便。长距离运输,技术性较高。

1. 短距离运输

只需几小时短距离运输的活龟,无需特别管理。1 日或半日运输的活龟,只要用简单的方法,依其途中的情况加以适当处理即可,可用运输桶、活龟篓等简单工具,至于 3～4 日的活龟,最好用低温运输桶、活龟箱等工具。

2. 远距离运输

一般 7～10 天的远途运输采用低温运输桶、活龟箱、运输桶、冷藏车等运输工具。至于 2～3 个月的长时间运输，必须用完全密封的运输桶，桶底置细沙 7～8 厘米，并把同样的水注入沙中，在途中要每天换 1 次水，如果用冷藏车装运，让龟处于冬眠状态，其运输效果更佳，成活率更高。

3. 掌握适宜的运输时间

龟在冬眠状态时容易运输，其存活率也较高，而在炎热季节龟的新陈代谢活动能力很强，难以长途运输，如环境条件不适，其运输存活率较低。因此活龟运输一般选在 11 月至翌年 3 月，如炎热季节运输最好选择阴雨天或气温较低的天气，并同时采取适当的降温措施。另外龟冬眠刚苏醒后其体质较差，也不宜于长途运输。

4. 运输前的处理

运输前先选好包装工具，并进行整理，保持清洁干净，里面要光滑平整，包装前应将活龟严格进行逐个检验并挑选 1 次，看龟的外形是否完整，神态是否活跃，是否有外伤或内伤。可将龟腹朝上，看其能否迅速翻身。凡外形完整、神态活跃、既无外伤又无内伤的，即为健康的龟，运输存活率较高。而外形伤残，行动迟钝，腹甲发红充血，甚至糜烂的龟，均不能运输。

在运输前,如气温高,在运输前对饲养的暂养的龟应停食 2～3 天,使其排出粪便,减少污染包装工具。然后将经过挑选的健壮龟用 20℃ 以下的凉水冲洗 1 次,并浸泡 10 分钟,以清洁皮肤和降低活动能力。再按规定将活龟装入包装工具。包装的填充料以干净柔软的水草为好。春、夏、秋季可采用新鲜水草,冬季用的水草可以秋天采集后晒干,用时再浸水泡发。一般不宜用稻草作填充料,因稻草浸水后呈碱性,容易损坏包装工具。

运输前,要制定周密的运输计划,尽可能缩短运输途中时间。运输要遮阴、防暑;要避免振动、挤压运输箱;运输箱切勿靠近汽车发动机旁。装箱前,须先将整个运输木箱浸透水,使整个木箱有一定的湿度,同时检查各盒底部纱窗是否有破损。将待运的龟,按个体大小挑选,分别装箱,同时将体弱及伤残个体剔除,不要勉强装运。

装运密度应根据不同的容器和运输距离而有不同的要求,例如用运输箱装运稚龟时,每层装运稚龟以 500 只为宜,每箱 1 次可装运 2000～2500 只。每箱叠放的层数不宜超过 5 盒,以免最底层的 1 盒过于封闭,通风透气性能差,导致稚龟窒息死亡。

5. 龟在运输过程中的管理

运输工具要高锰酸钾水消毒,里面光滑平整,装箱后,叠好加盖,再用绳子捆扎结实,便于途中携带。启运前,将装有稚龟的运输箱内洒适量清洁的水。运输途中,配有专人负责护理,做到人不离箱,随时检查运输箱内情况,防止互相咬伤。根据温度和水草的湿润程度，及时洒水清洗，保证活龟清洁干净，保持湿润和降低温度。注意防止油污或药品熏染以及蚊虫叮咬。

运达目的地后，将包装工具放在阴凉处敞开，把龟移入木盆内。凡作为养殖对象的，无论是稚、幼、亲龟都应进行龟体消毒。通常用2%～3%的盐水或5毫克/升的漂白粉浸浴30分钟后，即可下池饲养。

三、绿毛龟的运输

绿毛龟因为身上长有绿毛才有观赏价值，因此在运输过程中一定要做好对绿毛的保护工作。绿毛龟的运输大致可以分为以下几点：

1. 适时停食

在运输前应停食2～3天，使绿毛龟排出粪便，减少污染包装工具，同时在包装前要将绿毛龟清洗干净，梳理好绿毛。

2. 包装

包装绿毛龟一般是用白色的布，布的宽度一般是龟甲长度的2～3倍，长度与天气有关，天气较热时，可以少包两层，天气较凉时，宜多包两层，包4～6层就可以了。如果龟的绿毛很长，可在包装前再一次梳理绿毛，梳理的方向是从尾部梳向头部，如果毛很少，超过头部时，可以折回来再回到尾部，直到所有的绿毛全部放在背上为止。将绿毛放好拉平以后，就可以进行包装了。包装时用布从龟的腹部开始，布边要超过头部，从腹部向背上包裹两层后，将多余的宽度折向前部，扎紧就可以了。

3. 运输

把包扎好的绿毛龟，要统一放到运输容器中运输，如果运输的数量较少时，可以直接平放，平放时可以放 2～3 层；如果数量较多时，那就要竖放，竖放时，只能放一层。运输工具可以用飞机、汽车、火车等。

4. 放养

当绿毛龟到达目的地后，将龟慢慢地从包装中取出，先放在无水的干净容器中，让绿毛龟呼吸新鲜空气，再在龟缸中放入水温相近的养殖水，把龟放进去，将绿毛梳直，不能一下子放入温差很大的水体中，以免不适应温差而造成死亡。

第十章　龟的疾病防治

第一节　龟的健康检查

对患病龟的基本检查诊断,主要是通过视觉、触觉、嗅觉、听觉来判断。另外,饲养的环境、饲养水质对龟疾病的诊断也非常重要。

一、看龟的精神状态和行为

健康的龟,眼睛明亮有神、动作反应敏捷、爬行有力。如果龟的精神不振,如爬行时后腿无力、反应迟钝、嗜睡、在水中转圈、爬行转圈、摇摆或歪脖颈等,就有可能是龟发病了。

二、检查体表

重点是检查龟的皮肤、甲壳颜色和光泽度的变化,可以判断是否有外伤、体外寄生虫、肿瘤、腐甲、腐皮、霉菌、营养不良等症状。

三、闻味道

主要是闻闻龟的背甲、腹甲、皮肤和粪便是否有异味，如果有明显的异味，那就可能是有疾病了。

四、检查排泄物

龟的排泄物可以直接昭示龟的健康状况，不能小视。如果陆龟的尿酸中有小沙粒物质，可能就是因气温的变化或喂食不当而引起的腹泻；如果龟的粪便呈果冻状，那就可能是肠道受寄生虫感染了；如果龟的粪便呈稀稀的状态，那就是腹泻。

五、对一些器官的检查

主要是对龟的口腔、鼻、眼、泄殖腔孔进行检查，如果口腔内苍白或溃烂，就是有病了；如果龟张嘴呼吸、拒食、大量饮水、有异常的叫声，那肺炎的可能性极大；如果眼睛里出现浑浊的分泌物，那有可能是呼吸道感染或眼部疾病；如果龟经常做吃力的排泄动作，那有可能是便秘、结石或难产等。

第二节　龟的用药方法

龟患病后，首先应对其进行正确而科学地诊断，根据病情病因确定有效的药物；其次是选用正确的给药方法，充分发挥药物的效能，尽可能地减少不良反应。不同的给药方法,决定了对龟疾病治疗的不同效果,适用的龟疾病和龟的种类也不相同,在具体的疾病防治过程中要注意合理运用。

常用的龟给药方法有以下几种:

一、局部药浴法

这是针对大面积养殖龟时所用的,把药物尤其是中草药放在自制布袋或竹篓或袋泡茶纸滤袋里挂在投饵区中,形成一个药液区,当龟进入食区时,使龟的躯体得到消毒和杀灭龟体外病原体的机会。通常要连续挂 3 天,常用药物为漂白粉和敌百虫。此法只适用于预防及疾病的早期治疗。优点是用药量少,操作简便,没有危险及副作用小。缺点是杀灭病原体不彻底,因此法只能杀死食场附近水体的病原体和常来吃食的龟身体表面的病原体。

二、浴洗法

这种方法就是将有病的龟集中到较小的容器中,放在按特定配制的药液中进行短时间强迫浸浴一下,来达到杀灭龟体表的病原体的一种方法,它适用于个别龟或小批量患病的龟使用。药浴法主要是驱除体表寄生虫及治疗细菌性的外部疾病。具体用法如下:根据患病龟数量决定使用的容器大小,一般可用面盆或小缸,然后根据龟身体大小和当时的水温,按各种药品剂量和所需药物浓度,配好药品溶液后就可以把患病龟浸入药品溶液中治疗。

浴洗时间也有讲究,一般短时间药浴时使用浓度高、时间短,常用药为亚甲基蓝、红药水、敌百虫、高锰酸钾等,长时间药浴则用食盐水、高锰酸钾、呋喃剂、抗生素等。具体时间要按龟身体大小、水温、药液浓度和龟的健康状况而定。一般龟体大、水温、药液浓度低和健康状态尚可,则浴洗时间可长些。反之,浴洗时间应短些。

洗浴法的优点是用药量少,准确性高,缺点是不能杀灭水体中的病原体。

三、泼洒法

这也是针对大面积养殖龟时所用的,就是根据龟的不同病情和池中总的水量算出各种药品剂量,配制好特定浓度的药液,然后向龟池内慢慢泼洒,使池水中的药液达到一定浓度,从而杀灭龟体表及水体中病原体。

泼洒法的优点是杀灭病原体较彻底,预防、治疗均适宜。缺点是用药量大,易影响水体中浮游生物的生长。

四、内服法

就是把治疗龟疾病的药物或疫苗掺入患病龟喜爱吃的饲料中,从而达到杀灭龟体内的病原体的一种方法。但是这种方法常用于预防或患病龟的初期,同时,这种方法有一个前提,即龟自身一定要有食欲的情况下使用,一旦龟患病严重,已经失去食欲,此法就不起作用了。一般用3～5公斤面粉加氟哌酸1～2克或复方新诺明2～4克加工制成饲料,可鲜用或晒干备用。喂时要视龟的大小、病情轻重、天气、水温和龟的食欲等情况灵活掌握,预防治疗效果良好。

内服法适用于预防及治疗初期患病龟,当病情严重、患病龟已停食或减食时就很难收到效果。

五、注射法

对各类细菌性疾病注射水剂或乳剂抗生素的治疗方法,常采取肌内注射或腹腔注射的方法将药物注射到患病龟腹腔或肌肉中杀灭体内病原体,这样药液直接注入龟体内,吸收快,治疗效果也好。腹腔注射,可以补充水分及营养,如 5% 葡萄糖,可以补充能量和体液。

给龟注射药物时,要注意以下几点:

第一是在注射前,要对龟体表经过消毒麻醉处理,以龟抓在手中跳动无力为宜。

第二是注射方法和剂量要合适,切忌用长针、粗针,由于龟体外露肌肉少,如果通过肌内注射时,注射部位宜选择在后肢的大腿部或前肢手臂肌肉丰满处。如果是采用腹腔注射,注射部位宜选择在龟的甲桥处。要选用细一些且短一点的针头。

第三是注入角度要正确。龟肢缩入壳内时,进针不易,所以要先拉出龟肢,让其伸直,然后顺其平行使针与肢体成 15°角进入。进针角度不可过大,否则会硬注入其骨骼筋膜间,造成肢残。进针深度一般是小龟进针 0.5 厘米、中龟 0.8 厘米、大龟 1.2～1.8 厘米左右为宜。

第四是严格消毒。为了取得更好更快的疗效,给龟注射时要严格消毒。有些严重的病龟,如肺炎、肝炎、肠炎等,必要时可把药物注射到其腹腔中,事先要对龟体局部用碘伏溶液或5％的聚维酮碘溶液消毒,更要对注射器、针头高温消毒,以免把病菌带入龟体内。拔针后立刻用棉签压迫针孔片刻,防止出血和药水的反渗。

第五就是不宜在龟的脖颈部扎针,龟颈有支撑龟头的伸缩作用,内部神经、血管密布,一旦扎伤易发生歪颈或缩不进去,有时发生龟头抬不起甚至瘫痪,从而影响其摄食。有时发生肿胀的脖子引发窒息死亡。要使用连续注射器,刺着骨头要马上换位,体质瘦弱的龟不要注射。另外针头不可停留在皮下和肌肉间,否则注射结束后局部鼓包。

第六就是药液用量不宜多。由于龟的肌肉小,一个注射点内的总药剂量不宜注入过多,原则上不让其注入点肌肉明显隆起为度。如剂量大,可分几个注射点,以免引起局部肌肉损伤。

第七就是往龟的口腔里注药要讲究技巧。有时在为龟使用内服药时,可采用向龟口中注药的方法来达到目的,可把固体药用温开水溶化后,然后用去掉针头的注射器吸药液注入龟嘴中,动作要慢,让其顺利吞到腹内。千万不要猛力注,以防药物射入气管而引发窒息死亡。

注射法的优点是龟体内吸收药物更为有效、直接、药量准确,且吸收快、见效快、疗效好,缺点是太麻烦,也容易弄伤龟身体。

六、手术法

指将龟身体进行麻醉后,用手术的方法治疗龟的外伤或予以整形，这个方法通常用于对一些名贵的龟类疾病治疗。

七、涂抹法

以高浓度的药剂直接涂抹龟体表患病处，以杀灭病原体。主要治疗外伤及龟身体表面的疾病，常用药为红药水、碘酒、高锰酸钾等。涂抹前必须先将患处清理干净后施药。优点是药量少、方便、安全、不良反应小。

第三节　常见龟病的防治

在自然界中，由于龟的密度有限，加上这些动物自然的生存本能，它们患病的概率很少。而在人工饲养条件下，龟由于气温、温度、湿度、饵料、水质以及管理等方面的因素，容易引起各种各样的疾病，严重者将导致龟的死亡，有些名贵的具有观赏价值的龟也会因疾病而失去观赏性，例如绿毛龟可能因疾病而无法保证基枝藻在龟体上着生，最终形成不了长长的绿毛。

龟病发生一般与环境、龟体本身和饲料、病原有关。保持良好的养龟环境，如水质符合养殖要求，周围安静，龟的栖息地合理而科学等，能减少龟病的发生。同样，引种时就近进种，避免长途运输，避免从市场上或不熟悉养殖近况的场家进种，龟种体格健康、无缺陷，饲料满足龟生长需要、新鲜、全面而营养丰富，切断病原传播给健康龟的途径等，这些均能起一定的预防作用。

一、腐皮病

症状：肉眼可见病龟患病部位溃烂，表皮发白或变黄或有红色伤痕。轻度腐皮病，最容易发生在腋窝、跨窝、颈部等皮肤褶皱较多的部位，而当病情进一步发展时，病龟头部已经不能正常伸缩。在饲养密度较大时，龟相互撕咬形成伤口，病菌从伤口处侵入，从而引起受伤部位的皮肤组织坏死，导致了腐皮病的发生，另外在水质受到污染时也容易发生这种疾病。

防治：首先要单个饲养患病龟，以避免相互继续撕咬，而导致病情进一步传染和恶化；其次是在捕捉和运输过程中操作要细心，防止受伤；再次用1％的呋喃西林或利凡诺溶液涂抹伤口，每天1次，连续6天；又次就是清除患处的病灶，用金霉素眼膏涂抹，每天1次，如果龟可以进食时，可在食物中添加土霉素粉，如果龟已经停食，可按每公斤龟1克的用量用土霉素填喂，然后将患病龟隔离饲养，如果是陆龟一定要注意不能放水饲养，以免加重病情；最后可用5％的食盐水浸泡3～4小时，待龟的体质恢复后再放入池塘中饲养。

二、出血性败血症

症状：患病龟食欲停止，有呕吐、下痢症状，排出褐色或黄色脓样粪便。皮肤有出血的斑点，严重者皮肤溃烂、化脓。

防治：首先将患病龟按病情的严重分开并移入不同的

池子里观察；其次是对轻度患病的龟投喂麦迪霉素、乙酰螺旋霉素等，再用氟哌酸溶液浸泡 24 小时；最后对于那些病情严重者可肌内注射麦迪霉素、乙酸螺旋霉素、链霉素，每天 1 次，剂量按龟体重大小而不同。

三、疥疮病

症状：患病的龟颈、四肢或肛门附近有一个或数个黄豆大小的白色疥疮，用手积压四周有黄色、白色的豆渣状分泌物。患病轻微的龟反应迟钝，但还能吃食，这时要抓紧时间进行治疗，随着时间的推延，它们进食会逐渐减少，严重时会发生拒食现象，反应迟钝，如不及时治疗，会在 15～20 天内死亡。通常是在龟生长的环境恶化时，加上龟体表受到外伤时，导致病菌大量繁殖并侵入伤口而发生疾病。

防治：首先要注意水的污染问题，保证水的环境质量。其次是发现病龟时，将龟隔离饲养，将病灶的内容物彻底挤出，用碘酒擦抹，敷上土霉素粉；再将沾上土霉素或金霉素眼药膏的棉球塞入病患处；如果患病的龟是水栖龟类，可将其放入浅水中；其次是对那些已经停食的龟，可采用人工填食的方法，将包裹着抗生素等药物的食物喂给龟病吃。

四、冬眠死亡症

症状：患病龟瘦弱、四肢疲弱无力、肌肉干瘪。用手拿龟，感觉龟轻飘飘的，没有与它相对应的体重。这是因为在秋季龟没有及时供应能量,它们体内贮存的能量和营养物质满足不了冬眠期的需要,还有一种原因就是冬季长期偏冷,加上龟的体质较弱,导致龟在越冬期间或越冬后死亡。

防治:首先是在冬眠前,进行秋季强化培育,增加投喂量,在饲料中加入动物肝脏、营养物质和抗生素类药物,如多种维生素粉、维生素 E 粉、土霉素粉等;其次是采取防寒保温措施,越冬池水温保持在 10℃左右;最后是对体弱的龟,一定要单独饲养,并适当加温至 22℃左右,就是让龟不越冬,也保证对龟进行正常的投喂饵料。

五、肺炎

症状:患病龟张嘴呼吸,大量饮水,少食或拒食,嘴边产生白色黏液,呼吸声粗重、发出叫声、在水中有侧漂浮、不愿下水等现象,同时它的鼻部有鼻液流出,慢慢地变得浓稠。造成这种疾病的原因在不同的季节是有区别的,如果是在冬天患病,可能是冬眠期的龟舍内湿度很大,温度很低而且温度变化大而引起的;而在炎热的夏季,则可能是由闷热的天气或龟舍温度过高或者是由于气温突然下降而引起的。

防治:一是做好预防工作,主要是加温龟箱注意通风换气;保障龟舍内温度恒定,温差变化不大,避免忽高忽低的温度造成的温差;食物多样化,增加营养等。

二是做好治疗工作,对已患病的龟,先隔离饲养,再采用腹腔注射抗生素法进行治疗。药物可选择头孢曲松钠、头孢拉定、硫酸庆大霉素等。如用泡药或直接喂服的方法治疗，药物可以选用头孢类的或阿莫西林。用药量根据兽药标准即可。严重者可肌内注射庆大霉素、链霉素等，注射疗程为 7～14 天，注射量以龟体重 3 毫升/公斤的量注射，注射的次数通常为 1 天 1 次。肌内注射是在后肢的大腿部，用酒精（70％）棉球擦皮肤消毒后，针头刺入皮下肌肉内，针头刺入深度为 8 毫米，针头与腹部呈 10°～20°角，将药水轻轻推入。

三是在夏季一定要注意通风，当环境温度突然变化时，要及时调整温度至正常状况。

六、肠炎

症状：患病龟精神不好，反应迟钝，龟的头常左右环顾，减食或停食，腹部和肠内发炎充血，粪便不成形，黏稠带血红色。这可能是由于水质污染或投喂的饵料不新鲜，导致水质败坏而引起的疾病。

防治：①经常更换池水，使水质清洁。②不投喂腐烂变质的食物，饵料要新鲜。③在饵料内拌入磺胺脒或磺胺噻唑，7 天为 1 个疗程。④肌内注射氯霉素，可按每公斤 4～5 万国际单位注射氯霉素或痢特灵。⑤在每年的 5～9 月份每 20 天喂 1 次地锦草药液，每 50 公斤龟每次用地锦草干草 150 克或鲜草 700 克，煎汁去渣待凉后拌入饲料中喂服。⑥中草药黄连 5 克、黄精 5 克、车前草 5 克、马齿苋 6 克、蒲公英 3 克。放砂锅内加水适量文火煎煮 2 小时，取液去渣用。

七、胃炎

症状:轻度患病龟的粪便稀软、呈黄色、绿色或深绿色、有少量黏液,并夹杂着不完全消化的食物。严重病龟的大便稀水样黏液状,呈酱色、血红色,并夹杂着不消化的食物,龟拒食。如果长期在低温下喂食、温差过大、变质的食物、不洁的水质、不适合龟的食物、不合理的饲养方法、滥用长期使用或大剂量使用抗生素、寄生虫等等都会引起肠胃炎。

防治:一是立即停食,让龟的肠胃排空并进行自行调整。同时口服生物制剂(如乳酸菌素片),帮助龟调整肠道菌群健全消化功能。二是注射药物,可以选择庆大霉素注射液、乳酸环丙沙星注射液治疗,同时补充维生素 B。三是对轻度患病龟服用痢特灵、黄连素等药物。四是对已经患病的龟,可在饵料中加入抗生素类药物,如土霉素、氯霉素、庆大霉素等。对于拉稀的龟可投喂痢特灵、黄连素等。首次药量可大些,连续投喂 1 周左右即可痊愈。五是对病情严重、拒食的龟可直接填喂药片,药量根据龟的体重计算。

八、白眼病

症状:病龟眼部发炎充血,眼睛肿大。眼角膜和鼻黏膜因炎症而糜烂。眼球外部被白色分泌物掩盖,无法睁开。患病龟的行动非常迟缓,严重的会发生停食厌食现象,病龟常用前肢擦眼部,行动迟缓,最后会因为体弱并发其他病症而衰竭死亡。这是由于放养密度太高，没有及时进行换水，导致水质变坏，碱性过重而引起的，乌龟、巴西龟、眼斑水龟、锦龟比较常见，尤其是幼龟的发病率更高。

防治：1. 加强管理，越冬前和越冬后，经常投喂动物内脏，加强营养，增强抗病能力。

2. 平时应经常换水，保持水质清洁，以提高龟自身的抵抗力。

3. 药物治疗时可用链霉素腹腔注射，每公斤龟体重腹腔注射 20 万单位，如果病龟是在越冬期间，已停止进食，每只龟应加用 5% 的葡萄糖溶液与链霉素一起注射。

4. 对病症轻（眼尚能睁开）的龟，可用呋喃西林或呋喃唑酮溶液浸泡，溶液浓度为 30 毫克/升，浸泡 40 分钟，连续 5 天。对于病症严重（眼无法睁开）的龟，先将眼内白色物及坏死表皮清除，然后将病龟浸入有维生素 B、土霉素药液的溶液中，每 500 克水中放 0.5 片土霉素、2 片维生素 B。

5. 对已经患病的龟，应单独饲养，并对原饲养容器用高锰酸钾溶液浸泡 30 分钟以上进行消毒杀菌。对于同缸饲养的龟若发现已经有的患有白眼病，其他的可用呋喃西林溶液浸泡。这既是预防措施，又可用作早期治疗。稚龟用 20 毫克/升浓度，幼龟至成龟均用 30 毫克/升浓度，浸洗时间长短依水温高低而定。必要时每天浸洗 1 次（40 分钟），连续浸洗 3～5 天。

6. 对养龟水体进行消毒，对于发病的土池或水泥池，将病龟捕出另行治疗。池中未发病的龟，用漂白粉

1.5～2.0 克/立方米浓度全池遍洒。

7.若治疗绿毛龟,应用 1‰的呋喃唑酮溶液涂抹眼部,不能采用全身浸泡的方法。

8.红霉素 1.5～2.0 克/立方米全池遍洒治疗。

九、萎瘪病

症状:初发病的龟食欲减退、喜欢上岸不愿下水、停止摄食、成群堆集于池角、精神不振、反应呆滞、身体逐渐消瘦、最后衰竭死亡。该病主要危害 50 克以下的幼龟、稚龟。

防治:(1)分级饲养,放养密度适宜。将患病龟集中在小池(或容器)中,投喂蛋黄、瘦肉糜、蚯蚓、黄粉虫等动物性饵料。(2)加温并维持水温在 25℃。(3)全池泼洒呋喃唑酮,使最终浓度为 3 毫克/升,每天 1 次,连用 3 天。(4)对发病个体,注射 2000 单位的庆大霉素,5 天为 1 个疗程。(5)发病后用浓度为 10～20 毫克/升呋喃西林全池遍洒。(6)加强管理,保持良好的水质,投喂适口饲料,增强体质,提高龟的抗病能力。

十、摩根氏变形杆菌病

症状:龟鼻孔和口腔中有大量的白色透明泡沫样黏液,后期流出黄色黏稠状液体。龟的头部经常伸出体外,爬动不安,很少吃食也很少饮水。

防治:首先是对病龟进行隔离饲养,避免病情的进一步蔓延;其次是采用肌内注射卡那霉素、氯霉素、链霉素的治疗方法。每天 1 次,连续 3 天。

十一、感冒

症状:患病龟活动迟缓,呼吸有声,鼻孔阻塞,冒泡,口经常张开,可视为感冒。

防治:可用感冒灵和安乃近溶于水中让龟饮服,同时注射庆大霉素 0.2 毫升或注射青霉素 1 万单位,连续服药和注射 3 天可愈。

十二、水霉病

症状:感染初期不见任何异常,继而食欲减退、体质衰弱,或在冬眠中死亡。随着病的发展,患病龟肢体上附着灰白色棉絮状水霉菌丝,俗称"生毛",龟的食欲减退,消瘦无力,严重时病灶部位充血或溃烂。这是龟长期生活在水中或阴暗潮湿处,对水质不适应而造成的。中华花龟、巴西彩龟、纳氏彩龟、锦龟易患此病。

防治:1. 操作要细心,避免龟体表损伤。

2. 用 4％的食盐水加 4 毫克/升的苏打水混合溶液对容器和患病龟消毒,也可用 3％~5％食盐水浸泡 1~2 小时,每日 1 次,病愈为止。

3. 在对龟的日常饲养管理中,应经常让龟晒太阳,以抑制水霉菌滋生,达到预防效果。

十三、软体病

症状:本病表现为食欲减退,全身无力,精神萎靡,动作迟钝,生长缓慢。多由于营养不良和缺乏阳光而引起。

治疗方法:喂以适口性好而富于营养的全价饲料,饲料中加入钙片;增强日照时数,每天照射阳光 2～3 次。

十四、营养性骨骼症

症状:病龟的行动、摄食均正常,但将龟拿在手中,可感到病龟的甲壳较软,且四肢关节较为粗大。严重的病龟,背壳表层鳞甲逐渐出现脱落,壳呈现软化,指甲、趾甲有脱落现象,甲壳出现不规则畸形。龟在人工饲养环境下由于长期投喂单一饲料、投喂熟食,食物中缺乏各种微量元素尤其是维生素 D_3,造成龟体内缺少维生素 D,且钙磷比例倒置或缺钙,导致龟的骨质软化。长期室内饲养缺乏自然阳光照射也会引起此病。多见生长迅速的稚龟、幼龟。

治疗:一是在日常饲养管理中,应保证日光的照射。尽可能地让龟接受自然阳光照射,室内饲养也可使用 UVB 紫外线荧光灯。二是对于有晒背习惯的龟类,应在饲养容器中设置高于水面可供其晒甲的陆地。三是在日常投喂的食物中,应定期添加适量的钙粉、虾壳粉、贝壳粉、鱼肝油、维生素 D 及复合维生素和一些营养药物如金施而康等。四是投喂的饵料应注意动物性饵料和植物性饵料搭配,壳适当投喂一些绿色菜叶。

十五、颈溃疡病

症状:患病龟颈部肿大、溃烂,颈部伸缩困难,食欲减退，最终死亡。

防治:1. 发病季节在饲料中添加一定量的动物肝脏，以增强龟的营养，提高其抗病力，并每隔 10～15 天用 0.4 毫克/升的强氯精泼洒 1 次。

2. 用土霉素、金霉素等抗生素软膏涂抹患病龟的患处。

3. 用 5％食盐水浸洗患处，每天 3 次，每次 10 分钟。

十六、腐甲病

症状:龟背甲的某一块或数块腐烂发黑，有时腐烂成缺刻状，腹甲也有腐烂。严重时可见到洞穴或肌肉，有时龟会少量摄食或不吃食。病龟停食少动，有缩头现象。由于甲壳受损或受挤压，使病菌侵入龟甲内，导致甲壳溃烂。四眼斑水龟、侧颈龟、蛇颈龟极易患此病。

防治:首先用 1％的呋喃西林或利凡诺溶液涂抹患处，有一定的疗效。其次是服用维生素 E，每 50 公斤龟体重每天为 3～5 克，连续内服 10～15 天。再次是用 2.5％的食盐水溶液将龟身体浸洗 20 分钟。最后就是对病症严重的患病龟，可将它的病灶剔除，用双氧水擦洗患处，再用高锰酸钾结晶粉直接涂抹。

十七、烂趾病

症状:皮肤发生溃烂、溃疡，病灶边缘肿胀，继发感染，引起爪糜烂脱落。

防治:首先是做好消毒防病工作。平时在饲料中注意添加能增强免疫力的维生素 E、维生素 C、维生素 B$_5$、维生素 B$_6$ 和维生素 B$_{12}$ 等。其次是用氟哌酸治疗。浸洗:浓度为 3 毫克/升;泼洒:浓度为 0.3 毫克/升;口服:治疗用量 8~12 克/100 公斤龟,每天 1 次,连续 6~12 天。

十八、外伤

症状:表皮破损,局部红肿,组织坏死,患处有脓汁,严重者食欲不振,精神沉郁。这是由于龟在捕捞、饲养过程中,龟的甲壳、皮肤、四肢、口等部位发生擦伤、药伤和压伤。

防治:首先是减小饲养密度,成幼体分池饲养。其次是对新鲜创伤应先止血,用纱布压迫,严重者敷云南白药,然后清洗创面,再用消毒药物(93%双氧水、0.5%高锰酸钾)擦洗,以防感染,大的创口应缝合、包扎。对陈旧、化脓的创伤,先将创口扩大,再次是用碘酒消毒并涂抗生素眼药膏,保持伤口处的干燥。

十九、营养不良病

症状:患病龟体质消瘦,精神不振,骨关节粗大,背甲、腹甲较软,伴有消化不良,龟的体重下降。这是由于长期投喂单一饵料而造成的,多见于正在快速生长的稚龟和幼龟。

防治:首先是保持池水清洁,发现病害,应及时更换池水,消毒池壁。其次是增喂营养丰富的饲料(如猪肺、牛肺、肝等)和适量的酵母片等药物即可痊愈。再次是在饲料中添加钙质，如钙制剂中的碳酸钙、乳酸钙、葡萄糖钙等任选一种或交替使用，也可喂些骨粉、蛋壳粉、贝壳粉等。最后就是尽可能让龟多接受自然光，尤其是在温室里养殖的龟更要注意。

二十、生殖器外露症

症状：已性成熟的健康的雄龟，在繁殖季节交配时，阴茎外露与雌龟交配，交配结束后，阴茎缩入壳泄殖腔内。病龟阴茎外露后不能及时缩回，伸出体外 2～5 厘米，易被其他龟咬伤或被异物擦伤，泄殖腔和生殖器红肿发炎，继而组织坏死，呈乳白色或黑色。

防治：一是投喂不含人工激素的配合饲料，多喂新鲜动物性饲料。二是对病情严重的龟进行切除手术。用医用缝合线将位于泄殖腔孔处的阴茎扎紧，再用手术刀切除扎线以外部分，用医用酒精或碘酒消毒伤口，然后松开扎紧的线，阴茎剩余部分缩回体内。手术后的龟离水静养，在饲料中添加抗生素类药物，或肌内注射硫酸链霉素，以防细菌感染。三是加强巡视和检查工作，发现病龟后要及时处理。

二十一、体外寄生虫

症状：龟的体表上有虫体，龟渐渐消瘦，四肢乏力，这是因为龟在养殖过程中，它们的体表感染了蚤、水蛭、蜱螨等。人工饲养的龟发病率不是太高，主要是在野外生长的龟发病率高。

防治:首先是加强对龟的巡查工作,发现体表有虫体后,要立即进行清除。其次是对刚购买的龟用1‰的敌百虫溶液清洗,连续3天。在日常饲养管理过程中,切忌投喂已腐烂变质的饵料,对于蔬菜瓜果等要进行充分清洗后再投喂。对于新购进的龟,应在食饵中拌入一些体内驱虫药物投喂,如肠虫清、左咪唑等,也可直接填喂。对于日常投喂活鱼、活虾、红线虫、蝇蛆、孑孓、蚕蛹、蟑螂等鲜活饵料的龟,应每半年左右投喂1次驱虫药,以去除寄生虫。

二十二、体内寄生虫

症状:患病龟的体质很差,外形逐渐消瘦,严重者会产生拒食现象。这是因为龟在吃食时,将各种寄生虫的卵或虫体带入体内,然后这些虫或卵就会寄生在龟的肠、胃、肝、肺等部位。通常体内寄生虫有锥虫、盾腹吸虫、吊钟虫、线虫、棘头虫、血簇虫和隐孢球虫等。

防治:对所有的从外面引进的龟在引入时的20天内喂驱虫药,如肠虫清等;其次是在日常管理中禁止投喂腐烂变质的食物。

二十三、敌害

龟的主要敌害是老鼠、蚂蚁、蛇、黄鼠狼、水鼠、野猫等。老鼠危害最凶,能将乌龟咬伤甚至咬死,蚂蚁常爬食有裂缝的乌龟卵,龟虽有坚硬的外壳保护,但头尾和四肢在夏天夜间活动时易被敌害侵袭受伤直至死亡;人工孵化时因少数龟卵腐败变质常招来大批蚂蚁,危害龟卵和稚龟,对龟的饲养大为不利,因此,必须注意清除这些敌害,以利龟的繁殖和生长。

第四节　龟的护理

一、洗澡

经常为龟洗澡,可以有效地防治一些疾病,同时也能清洁龟体,另外还有让龟和人亲近的机会。

在洗澡时要掌握以下几个要点:

一是水温要适宜,与龟正常生活的温度不要相差太大,以 3℃内为宜。

二是水量要适宜,对于水龟来说,水可以多放点,一般可放至龟的两个背甲厚度就可以了,而对于旱龟而言,水位还要低一些。

三是对于洗澡用具来说,用软毛刷轻轻地刷洗龟身就可以了。

二、剪趾甲

家养宠龟,由于长期饲养在光滑的整理箱、玻璃容器、地板等环境中,饲养环境里缺少可以磨指甲的器材,造成指甲生长过尖、过长或畸形,容易抓伤主人或影响爬行功能,有的长而锐利的趾甲还可能会直接伤害别的龟或龟自身。所以要对龟指甲进行适当修剪,以减少龟指甲伤人和保证龟的正常爬行功能。

将龟的指甲对着光亮处,看清楚指甲里的黑色血管部分和指甲前端透明或半透明部分,用指甲剪刀剪去指甲前端透明或半透明部分的一半或根据情况按比例修剪,避免修剪到血管部分。修剪后,让龟在地上爬行,观察龟在爬行时指甲根部是否出现高低不平?如果指甲根部在爬行时明显高低不平,就要针对性的再进行修剪。

修剪指甲时如果一不小心修剪到血管出血了,用云南白药止血,血止后碘伏消毒,上红霉素膏,每天上药 1～3 次,干养在 25～30℃ 的饲养环境中,尽量不要泡在水中,用水杯喂水或每天短时间泡澡 2 次(每次泡 10 分钟,泡前患处涂上红霉素膏防水),坚持 5～15 天,根据损伤程度而定。

三、修喙

在家养时,龟的一些野性会逐渐消失,比如喙可能会因长期缺乏锻炼而导致喙增生,这对龟来说是非常不利的,因此在家养时要进行适当修理。通常使用的工具有斜口指甲刀或手术剪刀、手术刀片、指甲锉等。

处理喙的增生,要根据实际情况采用相应的处理方法进行修理。通常的处理方法是用手术刀片将陈旧或增生的角质一层层地剥离,再用手术刀片或指甲锉进行打磨就可以了。

第五节　龟的越冬期管理

龟是冷血动物，冬眠是它们的一个基本生活习性，也是它们的一个正常行为，加强冬眠期的管理工作，对提高它的生命力具有重要作用。

长江流域，在 11 月份水温降至 12℃时，龟即潜入池底泥沙中，不吃不动，进入冬眠状态，以此度过长达半年之久的冬季。

一、越冬前准备工作

一般在龟冬眠前需要做好以下几个准备工作。

第一在进入秋季，当温度逐渐降低时，投喂的饵料次数、数量都要逐渐减少，避免因温度过低而导致龟造成肠胃炎等疾病。

第二是积极做好冬眠前的准备工作，在 10 月下旬，要对龟进行全身检查，主要是检查龟的体表和体内是否有寄生虫。同时要对龟池进行清整一次，既能检查龟的健康状况，又能清点数量，同时发现问题又能及时解决，避免冬眠期的损失。

第三是加强越冬前的强化培育，是帮助龟恢复体质一个有效措施。越冬前的一两个月投喂的饲料应增加一些动物性饲料，配合饲料也应添加 3％～5％的植物油，2％～3％的复合维生素等，促使龟体内存贮一定量的脂肪，如果龟的体内没有积存足够脂肪时可能无法活过冬眠，所以有冬眠现象的龟要注意冬眠前的食物补充。方法是从 9 月开始,要让龟顿顿吃饱,1 天 2 次,吃 1 个月,储备足够的越冬脂肪。满足越冬期间的能量需要。

第四要选择好的越冬场所。选择阳光充足、避风、环境安静的池塘,池底铺 20～30 厘米的软泥。

第五是仔细观察龟的粪便是否正常,以确定龟是否有病。冬眠通常伴随着白天的缩短与寒流的侵袭所带来的食物的匮乏以及气候条件对龟正常行为的不利等因素。在冬眠过程中体内新陈代谢减慢,龟的免疫和其他自我保护系统减慢或停止。因为这些变化,疾病会趁虚而入,一些看似不起眼的小病却会给龟类带来不小的麻烦,所以建议养殖龟时不能让患病龟或虚弱的龟冬眠。

第六是注意观察龟的行为,尤其是当天冷温度不够时,会出现嗜眠及食欲不振的现象,就是快要进入冬眠期了。

第七是排空粪便。冬眠前将龟放入水温 25℃ 左右的水中,水位要低于龟的背甲高度,用温水刺激龟排便,清理肠道,把留在体内的粪便排干净,以免长时间停留在肠道里引起肠道疾病。

第八是做好自然冬眠的准备工作,龟在自然冬眠时,大多躲在较阴暗且温暖的地方,或是离水将自己埋入落叶或杂草堆中,因此在人工养殖时可以人为地提供这些环境或场所。1 星期 1 次补水,保持环境的湿润。

第九是加温管理,对不健康的龟,应采取加温使其不冬眠,正常喂食、管理。对于那些来自热热带的龟,没有冬眠的习惯,因此不要让他们冬眠。

若在室内保温恒定的环境下,龟整年都能保持活动,但受生理季节性的影响,冬天可能吃的较少,较少晒太阳,较不活动,反应较迟缓,并会有在较冷的天气时停止进食的现象。

第十是保温管理,要特别注意,温度不够时龟的免疫力也会受到抑制而降低,使得病原容易感染而生病。因此可在龟舍内铺垫上少许稻草或棉垫,以起保温作用,将越冬箱放置在室内。

第十一就是龟可能会在冬眠期间醒来,所以要保证它醒来后不会爬到你找不到的地方。更重要的是,冬眠期间醒来的龟千万不能喂食。

二、稚龟越冬

刚出壳的小龟叫稚龟,稚龟的安全越冬是养龟成败的关键之一。

一是加强秋季饲养管理,增强稚龟体质。主要是投喂稚龟爱吃的营养丰富的饲料,如黄粉虫、蚕蛹、蚯蚓、蜗牛、螺蚌、小鱼、小虾等,增强龟的体质。

二是选择合适的越冬方式,对于那些早期出壳且体重已超过 10 克以上的稚龟可在室外越冬池自行越冬,而体重不到 10 克的稚龟最好在室内越冬,室内越冬方式又可分为控温越冬和不控温越冬或其他方式越冬。

三是越冬放养密度要合适,一般密度为每平方米放养 100～150 只龟。

四是加强越冬管理。霜降后(10月底)1周内,应将稚龟从室外转入室内池越冬。室内池预先要放入泥沙,并用清水或自来水将沙冲洗干净。稚龟潜入泥沙后,池上需加网罩,以防敌害侵袭。室内越冬池温度,要保持0℃以上,防止池水冰冻。气温过低时,可在池上加盖稻草帘。

三、幼龟越冬

稚龟经越冬后,到第二年就继续生长,此时的龟性腺尚未成熟,这个阶段称幼龟。由于幼龟自身对环境的适应能力比较差,它们抗低温能力也不强,因此做好幼龟尤其是二龄幼龟幼的越冬也很重要。

在越冬前一定要多投喂优质饵料,促进它们的体质更健壮,更能抵抗疾病的侵袭。龟在入池前必须检查,用消毒液浸泡消毒。

幼龟的越冬可分为两种,一种是在室外池中自然越冬,另一种就是在室内水泥池越冬。如果是大规模养殖时,可以留在室外自然池中越冬,密度要适宜。根据实践,以每平方米20～30只,水深1.2米以上。越冬池最好在避风向阳地方,以半亩为宜,开挖成长条形,在越冬前要在池底放10～20厘米厚的淤泥,并施有机肥100公斤/亩,同时池上搭防寒架,架上放塑料薄膜,留1～2个通气管,薄膜上盖草帘就可越冬。

如果是在室内越冬,就要保证细沙土至少在30厘米左右,同时室内温度不能低于7℃。

四、亲龟越冬

首先是在越冬前加强投喂，以精饲料为主，使越冬亲龟体内贮存一定量的营养物质。

其次是选择合适的越冬池，亲龟都是在室内的土池中越冬的，越冬池应选择避风向阳安静的地方。池底要有20厘米厚的淤泥，让龟潜入淤泥中越冬。

再次就是选择好亲龟，越冬前，对亲龟严格挑选、检查。要求亲龟体色正常，体质健壮。钩钓、叉捉、电捕、体表伤残，爬行迟缓的龟，都不能入池越冬。

最后就是加强管理，主要是保持水位的相对恒定和防止敌害侵袭。

五、成龟越冬

成龟也叫商品龟，成龟的越冬方法和亲龟基本相同。健康的龟进入冬眠后，每半个月换1次水，对漂浮在水面的龟应及时捞出，隔离加温饲养。

六、陆龟越冬

对于养殖的陆龟，在冬眠时可为它们准备一个比龟身大1/3左右的纸箱子，纸箱应够高，以免乌龟爬出。把陆龟放进去后，再盖上一堆落叶，或者揉松的报纸，也可用废旧衣服盖上。纸箱应垫高不与地面接触，以防老鼠侵害。如果龟的原生地气候比较潮湿，而冬眠环境在冬季比较干燥的话，就需要隔几天往上面洒点水，保持一定的湿度，但千万不要让他们淹着水,否则会导致龟死亡。

七、水龟越冬

对于养殖的水龟,通常有几个措施可供选择,一是将它们埋在潮湿的沙子中,注意保证沙子的湿度要大一点;二是可以在它们的身上裹上一层潮湿的纱布;三是将它们放在一个木箱子里,上面盖上潮湿的稻草。

八、越冬期间的管理

一是在越冬期间调节好水位和水质。适宜越冬的水温在 4~8℃。越冬期间养殖龟池的水位应保持在 1.5 米左右,1~2 月份调换部分池水,保持龟池周围的环境安静,以免龟在水中受惊吓,频繁活动,消耗能量。另外,还必须保持水质具有一定的肥度。

二是冬眠期的龟,长期潜伏在水底,管理上主要是及时补充因蒸发而减少的水分,以保持池内水分的稳定。

三是经常巡视龟池,发现如果有漂浮的龟、上岸的龟、反应迟钝的龟,应及时捞起,早日处理,防止传染。

向您推荐

花生高产栽培实用技术	18.00
梨园病虫害生态控制及生物防治	29.00
顾学玲是这样养牛的	19.80
顾学玲是这样养蛇的	18.00
桔梗栽培与加工利用技术	12.00
蚯蚓养殖技术与应用	13.00
图解樱桃良种良法	25.00
图解杏良种良法 果树科学种植大讲堂	22.00
图解梨良种良法	29.00
图解核桃良种良法	28.00
图解柑橘良种良法	28.00
河蟹这样养殖就赚钱	19.00
乌龟这样养殖就赚钱	19.00
龙虾这样养殖就赚钱	19.00
黄鳝这样养殖就赚钱	19.00
泥鳅高效养殖 100 例	20.00
福寿螺 田螺养殖	9.00
"猪沼果（菜粮）"生态农业模式及配套技术	16.00